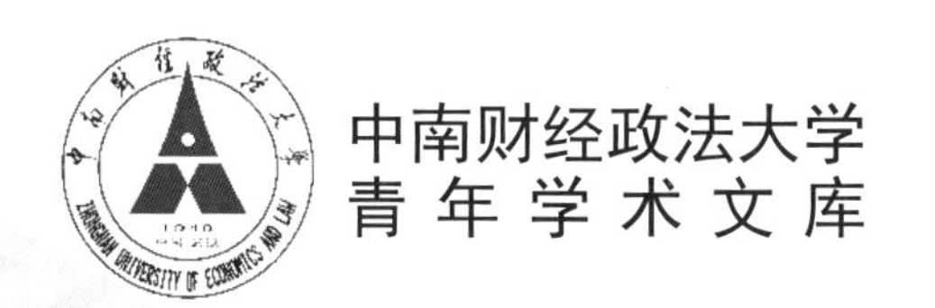

云计算和大数据系列丛书

受中南财经政法大学出版基金资助

机器学习在时间序列预测上的建模与应用

姜旭初 著

图书在版编目(CIP)数据

机器学习在时间序列预测上的建模与应用 / 姜旭初著. -- 武汉 : 武汉大学出版社,2024.12. -- 云计算和大数据系列丛书. -- ISBN 978-7-307-24690-4

Ⅰ. TP181

中国国家版本馆 CIP 数据核字第 2024732K8U 号

责任编辑:王　荣　　　责任校对:鄢春梅　　　版式设计:马　佳

出版发行:**武汉大学出版社**　(430072　武昌　珞珈山)

(电子邮箱:cbs22@ whu.edu.cn 网址:www.wdp.com.cn)

印刷:湖北诚齐印刷股份有限公司

开本:787×1092　1/16　印张:10.5　字数:203 千字　插页:2

版次:2024 年 12 月第 1 版　　2024 年 12 月第 1 次印刷

ISBN 978-7-307-24690-4　　定价:49. 00 元

前 言

准确预测空气质量的变化趋势，对于制定严谨、有力的空气质量管理措施，保护人们的健康和提高生活质量具有重要意义。近年来，机器学习技术的发展为空气时间序列预测提供了新的解决方案。机器学习算法能够从大量的历史数据中学习规律，并通过分析新数据，实现对空气质量未来状态的预测。相较于传统的统计模型，机器学习算法在处理复杂的非线性关系和不确定性因素方面具有明显优势，因此其在空气时间序列预测领域的应用前景广阔。本书旨在系统介绍机器学习技术在空气时间序列预测中的建模方法和应用实践，使读者能够深入了解机器学习算法的原理和特点，掌握其在空气质量预测中的具体应用方法，并为相关领域的研究和实践提供有益的参考和指导。

本书将机器学习模型应用于空气时间序列预测，围绕大气污染物浓度、空气质量指数、细颗粒物浓度及臭氧浓度预测方面进行实证分析研究。本书的主要研究内容包括以下几个方面：

本书基于机器学习模型对大气污染物浓度进行预测，提出两种预测大气污染物浓度的集成模型。对第一种模型进行实证分析，设计对比实验和消融实验，同时进行泛化分析，验证了该模型的预测能力。将第二种模型应用于预测大气污染物浓度，证实了该模型的有效性、稳定性及良好的泛化能力。

本书提出两种用于空气质量指数预测的机器学习集成模型。第一种模型对时间序列分解后对各部分进行预测，最后对预测结果集成。第二种模型将两种单一模型结合使用，很好地兼顾了全局和局部的序列信息。并分别对这两种机器学习集成模型进行实证分析，结果证明两种模型具有优良性能。

本书针对细颗粒物浓度变化特点，提出三种基于机器学习的细颗粒物浓度预测模型。第一种模型对细颗粒物浓度数据进行分解，将相近波合并输入，最后对模型进行训练并预测；第二种模型采用组合分解法进行分解，通过局部误差修正对误差进行限制，最后用于预测；第三种模型进行相关性分析，寻找与细颗粒物浓度相关性高的因素，并基于此进行预测。对上述三种模型进行试验，结果表明模型预测精度高、鲁棒性好、适用范围广。

为了对六种主要空气污染物之一的臭氧的浓度进行预测，本书设计出两种基于机器学习的集成模型。第一种模型将地理及环境信息作为输入，对臭氧浓度进行预测；第二种模型对臭氧浓度数据进行分解，分别对各项进行预测，对结果进行集成。对上述两种模型进行实证分析，结果表明机器学习模型能够对臭氧浓度进行准确预测。

本书研究结果表明，机器学习模型能够对空气时间序列数据进行准确的预测，在空气时间序列预测方面有广泛应用。机器学习算法已成为对时间序列数据进行分析的重要方法，在时间序列预测方面具有重要意义。

本书中展示了较多彩色的预测结果图，为便于读者阅读，将这些彩图集中放置，以二维码的方式置于封底，供读者扫描、下载。

由于作者水平有限，书中难免存在一些不足甚至错误之处，敬请读者提出宝贵建议。

目　　录

第1章　绪论 ………………………………………………………………… 1

1.1　研究目的和意义 ………………………………………………………… 1

1.2　机器学习在空气时间序列方向上应用的研究现状 ……………………… 2

1.3　主要研究内容 …………………………………………………………… 3

第2章　基于机器学习模型的大气污染物浓度预测 …………………………… 5

2.1　基于STL分解TCN-BiLSTM-DMAttention模型的大气污染物浓度预测 ……… 5

2.1.1　概述 ……………………………………………………………… 5

2.1.2　研究方法 ………………………………………………………… 6

2.1.3　实证分析 ………………………………………………………… 11

2.1.4　小结 ……………………………………………………………… 15

2.2　基于Improved-PSO的Prophet-LSTM模型的大气污染物浓度预测 ………… 16

2.2.1　概述 ……………………………………………………………… 16

2.2.2　研究方法 ………………………………………………………… 18

2.2.3　实证分析 ………………………………………………………… 21

2.2.4　小结 ……………………………………………………………… 29

2.3　本章小结 ………………………………………………………………… 30

第3章　基于机器学习模型的空气质量指数预测 ……………………………… 31

3.1　基于SSA-BiLSTM-LightGBM模型的空气质量指数预测 ……………………… 31

3.1.1　概述 ……………………………………………………………… 31

3.1.2　研究方法 ………………………………………………………… 33

3.1.3　实证分析 ………………………………………………………… 36

3.1.4　小结 ……………………………………………………………… 44

3.2　基于Transformer-BiLSTM模型的空气质量指数预测 ………………………… 45

3.2.1　概述 …… 45
3.2.2　研究现状 …… 45
3.2.3　研究方法 …… 47
3.2.4　实证分析 …… 50
3.2.5　实验结果 …… 53
3.2.6　小结 …… 58
3.3　本章小结 …… 59

第4章　基于机器学习模型的$PM_{2.5}$浓度预测 …… 60
4.1　基于CEEMADAN-FE-BiLSTM模型的$PM_{2.5}$浓度预测 …… 60
4.1.1　概述 …… 60
4.1.2　研究方法 …… 62
4.1.3　实证分析 …… 67
4.1.4　实验结果 …… 69
4.1.5　泛化分析 …… 76
4.1.6　小结 …… 79
4.2　基于CEEMDAN-RLMD-BiLSTM-LEC模型的$PM_{2.5}$浓度预测 …… 80
4.2.1　概述 …… 80
4.2.2　研究方法 …… 82
4.2.3　实证分析 …… 87
4.2.4　泛化分析 …… 96
4.2.5　小结 …… 103
4.3　基于LSTM-TSLightGBM变权组合模型的$PM_{2.5}$浓度预测 …… 103
4.3.1　概述 …… 103
4.3.2　研究方法 …… 105
4.3.3　模型结构 …… 110
4.3.4　实证分析 …… 111
4.3.5　小结 …… 122
4.4　本章小结 …… 123

第5章　基于机器学习模型的臭氧浓度预测 …… 124
5.1　基于BO-XGBoost-RFE模型的臭氧浓度预测 …… 124
5.1.1　概述 …… 124

5.1.2　研究方法 …… 126
5.1.3　模型结构 …… 128
5.1.4　实证分析 …… 130
5.1.5　小结 …… 134
5.2　基于 KNN-Prophet-LSTM 模型的臭氧浓度时空预测 …… 135
5.2.1　概述 …… 135
5.2.2　研究方法 …… 136
5.2.3　实证分析 …… 140
5.2.4　小结 …… 144
5.3　本章小结 …… 145

第 6 章　总结与展望 …… 146
6.1　研究总结 …… 146
6.2　研究展望 …… 147

参考文献 …… 148

第1章 绪　　论

1.1 研究目的和意义

时间序列数据是指在不同时间所收集到的数据，一般用于描述现象随时间变化的情况。对于时间序列数据预测，传统的时间序列预测方法有自回归模型(AR)、移动平均模型(MA)以及自回归移动平均模型(ARMA)等。自回归模型是一种经典的时间序列预测模型，能够呈现数据中的趋势对历史的依赖关系。但该模型的缺点是只能捕捉到自回归关系，却无法捕捉到移动平均关系。移动平均模型主要适用于平稳时间序列，但该模型的缺点是预测精度较低，无法捕捉时间序列的周期性变化和趋势。这些传统的时间序列预测方法非常依赖模型的选择，能否正确地选择合适的预测模型在很大程度上决定了数据预测是否准确。

20世纪50年代以来，机器学习算法飞快发展，如今机器学习算法在学术界和产业界都有着巨大的应用价值。随着数据量越来越大，数据结构越来越复杂，现今，对于数据应用的问题，针对少量数据的传统研究方法已经不再适用[1]。因此随着机器学习算法的发展，机器学习模型越来越多地应用于各领域之中来解决各种实际问题。近年来，将机器学习模型与时间序列预测分析结合起来的研究越来越多，机器学习算法已经被看作时间序列分析的一种重要方法。基于神经网络、支持向量机(Support Vector Machine，SVM)及随机森林等多种机器学习算法的时间序列预测模型发挥着日益重要的作用[2]。

随着深度学习的发展和计算机算力的提升，对时间序列数据有优异拟合能力的神经网络模型被学者用于空气污染物浓度预测。其中循环神经网络(Recurrent Neural Network，RNN)的代表模型——长短期记忆网络(Long Short-Term Memory，LSTM)和门控制循环单元网络(Gated Recurrent Unit，GRU)已被验证在空气污染物浓度预测上优于ARMA类模型。

综上所述，机器学习算法对时间序列数据的应用研究具有重大意义。本书的研究意义在于：

(1)在当今大数据时代背景下，将机器学习与时间序列预测分析结合起来，利用机器学习算法对空气时间序列进行预测，据此预测提出建议、改善现状。研究表明机器学习算法相较于传统的时间序列预测方法，预测准确率和模型稳定性都有所提升。

(2)传统的时间序列预测方法存在依赖预测模型的选择的局限性，而本书通过研究机器学习算法来预测时间序列数据的可行性，改善了传统方法的局限性。

本书的研究结果表明，机器学习模型对空气时间序列预测的研究有重要作用。基于机器学习模型的应用，可以更好地进行时间序列数据预测，从而为解决空气质量问题提出针对性的建议。

1.2 机器学习在空气时间序列方向上应用的研究现状

近年来我国经济快速发展，城市规模不断扩张，城市常住人口急剧增加，导致环境污染问题日益突出，尤其是雾霾等极端的天气。这使得整个城市地区的空气质量受到很大的影响，因此也给人们的身心造成了巨大的危害。

大气污染，是指由于某种特定的污染源，如氮氧化物、臭氧、温度、湿度等，改变了大气环境的组成、结构、浓度等，从而对人类的健康造成巨大危害的一种污染现象。因大气污染在经济、环境、人类健康、气候等方面造成了多种负面影响，人们的财产安全和身心安全已经受到侵害；近年来，我国的大气污染变得越来越严重，而人口肺癌患病率也因此显著上升。政府与公众开始逐渐认识到，空气污染造成的危害可能十分严重。

2012年2月29日，国家环境保护部下发《环境空气质量标准》(GB 3095—2012)，取消原来的以二氧化硫(SO_2)、二氧化氮(NO_2)及可吸入颗粒物(PM_{10})三项为主要指标的空气污染指数(Air Pollution Index，API)，取而代之的是以细颗粒物($PM_{2.5}$)、臭氧(O_3)、一氧化碳(CO)、二氧化硫(SO_2)、二氧化氮(NO_2)及可吸入颗粒物(PM_{10})六项为主要指标的空气质量指数(Air Quality Index，AQI)，以此更好地反映环境质量，更有效地控制污染物的排放。通过测定六种主要的有害污染物，相关部门可以准确地衡量出环境保护的状况。

目前，空气污染物浓度预测主要采用统计分析方法、机器学习方法和深度学习方法。其中统计分析方法主要为线性回归模型(LR)和传统时间序列分析方法，如自回归模型(AR)、移动平均模型(MA)及自回归移动平均模型(ARMA)。虽然回归模型在一定程度上提供了可解释性，但其对先验条件的要求使其在预测精度上表现较差。而自回归类模型在特征明显的时间序列预测方面表现较好，但是对复杂时间序列的拟合能力则较低。近年来，随着人工智能和大数据的发展，人们注意到机器学习和深度学习模型对非线性数据拟合预测性能的优越性。机器学习模型主要分为单模型预测和集成模型预测，如支持向量回归(SVR)和随机森林回归(RFR)。随着深度学习的发展和计算机算力的提升，对时间序列数据有优异拟合能力的神经网络模型被学者用于空气污染物浓度预测，其中循环神经网络(RNN)的代表模型——长短期记忆网络(LSTM)和门控制循环单元网络(GRU)已被验证在空气污染物浓度预测上优于 ARMA 类模型。同时混合模型往往比单一模型的鲁棒性更强，所以如今研究的大多数模型是混合模型。

2020 年，Xiao 等建立了 WLSTME 模型预测 $PM_{2.5}$浓度，首先考虑地理位置的相邻性，利用 MLP 生成加权的 $PM_{2.5}$历史时间序列数据，其次将 $PM_{2.5}$历史浓度数据和相邻站点加权 $PM_{2.5}$序列数据输入 LSTM，提取时空特征，最后用 MLP 将 LSTM 提取的时空特征与中心站点的气象数据结合预测 $PM_{2.5}$浓度①。结果表明，在各季节和各地区，WLSTME 的预测精度和可靠性均高于 STSVR、LSTME 和 GWR。Al-Qaness 等提出 PSOSMA-ANFIS 来预测中国武汉市的空气质量指数[3]，基于“全球 COVID-19 空气质量数据集”对预测结果进行了评估；与原来的 PSO 和 SMA 相比，PSOSMA 具有更好的提高 ANFIS 的性能。在其他学者的研究中，对于 $PM_{2.5}$的预测还利用了 BiLSTM 的方法，Prihatno 等[4]建立了单密度层双向长短期记忆模型(Bi-directional Long Short-Term Memory，BiLSTM)对室内环境 $PM_{2.5}$进行预测，并且结果表明其误差较低，可以用于实际研究；Wang 等[5]则利用四个城市的 $PM_{2.5}$数据提出基于鲁棒均值分解(RLMD)和移动窗口(MW)集成策略的多尺度混合学习框架，配合 ARIMA 与 RVM 模型实验，在预测领域有很大的价值。

综上所述，机器学习算法对空气污染物浓度及空气质量的预测有着重要的作用，可以更准确、有效地对未来的空气情况作出预测，从而更有针对性地提出建议来改善目前的空气质量，为环境保护提供科学依据。

1.3 主要研究内容

针对机器学习在时间序列研究方向上的问题，本书将围绕机器学习模型在空气时间序列预测方面进行深入研究。本书一共分为 6 章，具体内容如下：

第 1 章：绪论部分，论述研究背景、目的及意义，以机器学习模型在空气时间序列预测的研究为主题，综述分析了现有国内外机器学习模型应用于空气研究的方法和理论。

① Xiao F, Yang M, Fan H, et al. An improved deep learning model for predicting daily $PM_{2.5}$ concentration [J]. Scientific Reports, 2020, 10(1): 20988.

第2章：基于机器学习模型的大气污染物浓度预测。以6种大气污染物的浓度为研究对象，应用机器学习模型对污染物进行预测，从而通过污染物浓度来判断空气质量，最终得出机器学习模型对大气污染物浓度预测的准确性和优越性。

第3章：基于机器学习模型的空气质量指数预测。通过机器学习算法对空气质量指数进行预测，推断出未来的空气污染程度，进而有针对性地提出改善空气质量的方法。

第4章：基于机器学习模型的 $PM_{2.5}$ 浓度预测。重点研究6种大气污染物中最重要的细颗粒物（$PM_{2.5}$），通过机器学习模型更准确地预测出 $PM_{2.5}$ 的浓度。

第5章：基于机器学习模型的臭氧浓度预测。将机器学习算法应用于预测大气污染物中的臭氧（O_3）浓度，从而提出比传统时间序列预测方法更有效地预测臭氧浓度的机器学习方法。

第6章：全书总结与展望。

第 2 章　基于机器学习模型的大气污染物浓度预测

精确预测大气污染物浓度可以帮助政府部门把握空气质量的变化趋势，及时发现潜在风险，并采取相应的预防措施来控制和减少污染物的排放；另外，精确预测大气污染物浓度对于社会大众及时了解大气污染物浓度以保护自身安全也至关重要。利用机器学习模型预测大气污染物浓度，不仅可以支持工业生产和城市规划的可持续发展，而且有助于减少大气污染物对公众健康的危害。本章提出一种基于 STL 分解的 TCN-BiLSTM-DMAttention 模型和一种基于 Improved-PSO 的 Prophet-LSTM 模型用于大气污染物浓度的预测，并通过实验进行了验证。结果显示，两种方法均取得了显著的效果。

2.1　基于 STL 分解 TCN-BiLSTM-DMAttention 模型的大气污染物浓度预测

2.1.1　概述

长久以来，空气污染问题一直是世界主要卫生问题之一。根据 WHO 的数据显示，空气污染在全球范围内每年直接或间接导致 700 万人死亡。在中国地区，$PM_{2.5}$、PM_{10}、SO_2、NO_2、CO 和 O_3被认为是主要空气污染物[6]。同时，空气中的颗粒物化学成分复杂，其浓度增大将从致癌性和诱变性两方面对易感人群造成影响[7]。因此，构造一个具有高预测精度和优秀泛化性能的模型有利于地方政府更加合理、及时、有针对性地调整空气污染防治策略，提高人民的生活质量和健康水平。

目前，空气污染物浓度预测主要采用统计分析方法、机器学习方法和深度学习方法。其中统计分析方法主要为线性回归模型(LR)[8]和传统时间序列分析方法，如自回归移动平均模型(ARMA)[9]、差分自回归移动平均模型(ARIMA)[10]和季节差分自回归移动平均模型(SARIMA)[11]。虽然回归模型在一定程度上具有可解释性，但对先验条件的要求使其在预测精度上表现较差，而自回归类模型在特征明显的时间序列上表现较好，对于复杂序列的拟合能力则较低。机器学习模型主要为单模型预测和集成模型预测，如支持向量回归(SVR)[12]和随机森林回归(RFR)[13]。

随着深度学习的发展和计算机算力的提升，对时间序列数据有优秀拟合能力的神经网络模型被学者用于空气污染物浓度预测，其中循环神经网络(RNN)的代表模型——长短期记忆网络(LSTM)[14]和门控制循环单元网络(GRU)[15]已被验证在空气污染物浓度预测方面优于 ARMA 类模型。在 He 等[16]提出残差网络后，使用卷积的方法对序列特征进行提取的有效性得到保障，而 Vaswani 等[17]提出的在时间序列预测上通过对重要时刻进行特征强调的 Attenion 机制，也被多位学者验证能有效提高模型的预测精度[18]。结合以往学者的研究，基于 Attention 机制的卷积-RNN 网络模型被应用于时间序列预测，诞生了如 CNN-GRU-Attention[19]、CNN-LSTM-SENet[20]等模型，且取得良好的预测精度。需要注意的是，神经网络模型的预测精度十分依赖序列数据本身的性质，因此良好的数据预处理能够在一定程度上提高网络的学习和泛化能力。其中以鲁棒局部加权回归作为平滑方法的序列季节趋势分解(STL)[21]在时间序列预处理中得到广泛应用[22]。Jiao 等[23]将其与神经网络模型结合得到 STL-LSTM，用于公交车乘客流量预测。

结合前人的研究成果，本节提出一种基于 STL 进行序列分解，时序卷积(TCN)和双向长短期记忆网络(BiLSTM)对分解后的序列进行特征学习的网络结构。受 Fu 等[24]研究启发提出一种基于余弦相似度的依赖矩阵注意力机制(DMAttention)。本节提出一种新的基于鲁棒加权回归季节趋势分解(STL)的神经网络结构和基于余弦相似度的依赖矩阵注意力机制(DMAttention)的空气污染物浓度预测方法。该方法使用 STL 进行季节趋势提取，分解后的序列输入时序卷积双向长短期记忆网络(TCN-BiLSTM)中进行特征学习，再通过 DMAttention 对相互依赖的时刻特征进行强调，用于多种空气污染物($PM_{2.5}$，PM_{10}，SO_2，NO_2，CO 和 O_3)的短期浓度预测。本节使用中国环境监测站于北京设立的 12 个站点的空气质量检测数据(http：//www. cnemc. cn)，以 LSTM 和 GRU 作为基准模型进行模型预测精确度分析，同时进行对比消融实验以验证本节所提出模型各模块的有效性。

2.1.2　研究方法

2.1.2.1　STL 序列分解

STL 通过局部加权回归(Loess)以加性模型的形式将时间序列分解为趋势项、季节项和余项。该方法鲁棒性强，受序列异常值影响小。

$$Y_t = T_t + S_t + R_t \tag{2-1}$$

式中，Y_t、T_t、S_t、R_t 分别表示 t 时刻的时间序列观测值及其对应的趋势项、季节项和余项。STL 方法由内循环和外循环两部分构成，其中内循环的输入为 Y_t、$T_t^0 = 0$ 和 $k = 0$，循环步骤如下：

(1) 剔除趋势项：$Y_t - T_t^{(k)}$。

(2) 子序列平滑：提取周期子序列分别进行 Loess 平滑，运算结果按照时间顺序排列得到 C_t^{k+1}。

(3) C_t^{k+1} 低通滤波：对 C_t^{k+1} 进行 3 次窗宽分别为 n_p，n_p，3 的滑动平均，其中 n_p 为周期内样本数，所得序列再进行一次 Loess 平滑，得到 L_t^{k+1}。

(4) C_t^{k+1} 趋势剔除：$S_t^{k+1} = C_t^{k+1} - L_t^{k+1}$。

(5) Y_t 季节剔除：$T_t^{k+1} = Y_t - S_t^{k+1}$。

(6) 趋势平滑：对 T_t^{k+1} 进行一次 Loess 平滑。

(7) 收敛判别：记 U_t^k 为迭代 k 次得到的 T_t^k 或 S_t^k，当满足式(2-2) 时迭代结束。

$$\frac{\max_v |U_v^k - U_v^{k+1}|}{\max_v U_v^k - \min_v U_v^k} < 0.01 \tag{2-2}$$

STL 方法通过内循环迭代得到 T_t 和 S_t，并通过加性模型得到 R_t，为减小序列中异常值带来的影响，在外循环时引入鲁棒性权重 ρ_t，在内循环迭代(2) 和(6) 的 Loess 平滑过程中通过对邻接矩阵加权 ρ_t 约束异常值，以提高序列分解的鲁棒性。

2.1.2.2 TCN

TCN 主要由因果膨胀卷积和残差块构成，该方法在进行时间序列特征提取的同时可以有效避免梯度消失和爆炸问题。

1. 因果膨胀卷积

TCN 中的因果卷积可以表示为对于 h 层网络 t 时刻的值只依赖 $h-1$ 层中 t 时刻及其之前时刻的值。因果卷积结构与传统卷积不同的是对卷积区域作了严格的限制，在时间序列中则体现为时间约束，即在特征提取过程中不考虑未来时刻的值。

如图 2-1 所示，在因果卷积的基础上进行间隔采样以增大感受野，相比多层卷积池化增大感受野的方式，该方法可以有效减少信息损失且在不使用单位卷积核的同时使得输入、输出时间步长相同。因果膨胀卷积的运算如式(2-3)所示：

$$y_{h,\,t} = \sum_{i=0}^{k} f_i \cdot y_{h-1,\,t-2id} \tag{2-3}$$

式中，$y_{h,\,t}$ 表示网络中 h 层 t 时刻的序列值；f_i 表示滤波器；k 表示卷积核大小；d 表示卷积膨胀系数。

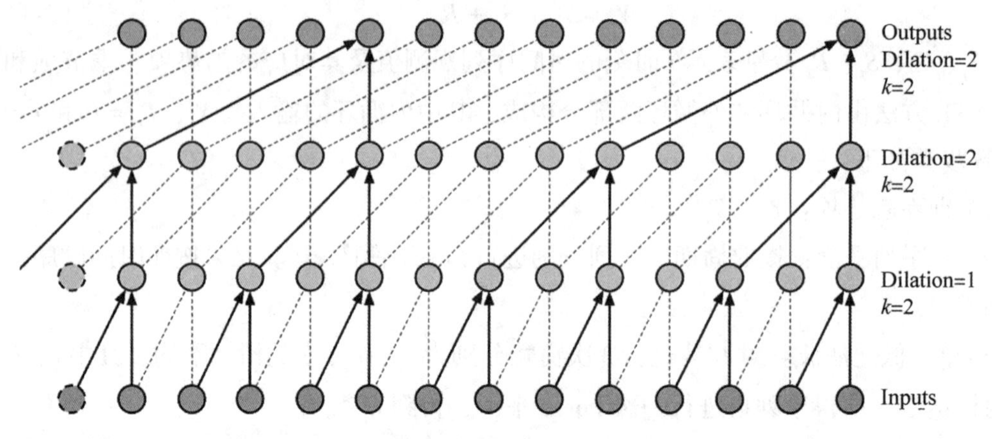

图 2-1　因果膨胀卷积结构

2. 残差块

残差链接可以使得网络进行信息跨层传递，以避免网络中的梯度爆炸和消失问题，结构如图 2-2 所示。

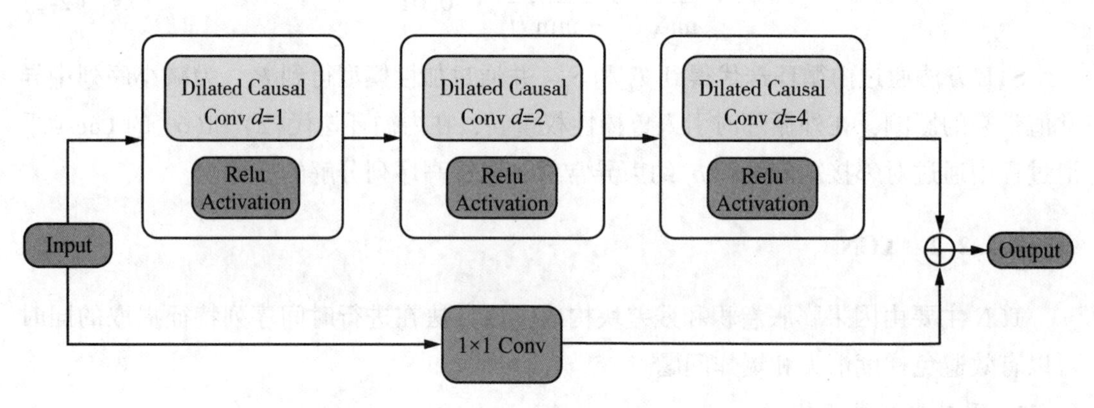

图 2-2　残差块结构

如图 2-2 所示，本节所设置 TCN 网络进行三次膨胀因果膨胀卷积，膨胀系数分别为 1、2 和 4，使用单位卷积核对输入进行处理使得两条路径数据结构相同以进行加和操作。

3. BiLSTM

LSTM 通过设置门结构对信息流进行调节，在序列学习过程中对重要信息进行保留，对次要信息进行遗忘以达到“长期记忆”的效果。BiLSTM 即双向 LSTM，其将时间序列按照正向和反向分别输入 LSTM 模型中进行特征提取并对结果拼接，以获得更多特征信息，结构如图 2-3 所示。

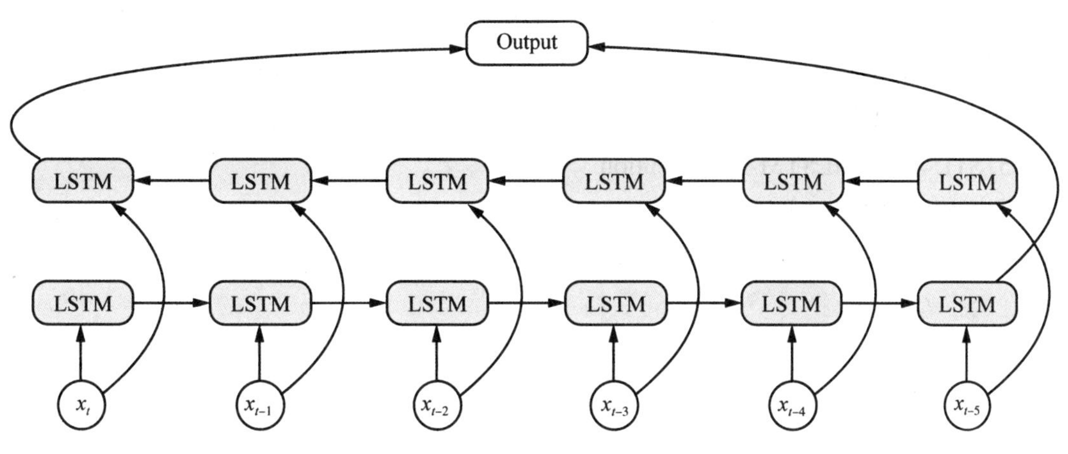

图 2-3 BiLSTM 结构

4. DMAttention

本节受 DANet 启发，针对多元时间序列预测提出一种基于余弦相似度的依赖矩阵注意力机制(Dependency Matrix Attention，DMAttention)。结构如图 2-4 所示。

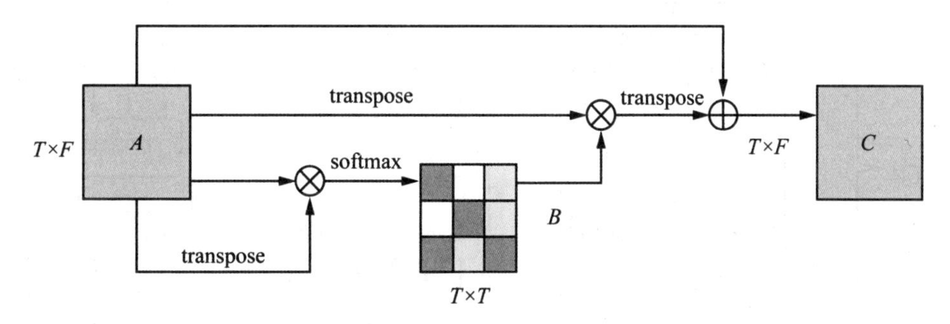

图 2-4 DMAttention 结构

如图 2-4 所示，DMAttention 首先对各时刻的特征向量进行内积运算，即 $A \cdot A^{\mathrm{T}}$，再进行 softmax 操作得到反映各时刻依赖关系的权值矩阵 B，见式(2-4)。

$$x_{ij} = \frac{\exp(A_i^{\mathrm{T}} \cdot A_j)}{\sum_{i=1}^{T} \exp(A_i^{\mathrm{T}} \cdot A_j)} \tag{2-4}$$

式中，x_{ij} 表示第 i 时刻与第 j 时刻之间的依赖关系，若两时刻的特征向量相似度较高，则其对应的权值相对较高。然后将 A^{T} 与 B 进行矩阵相乘并转置，得到特征在各时刻的加权求和值，最后乘以随迭代变化的尺度系数 γ 并进行跳跃连接得到输出矩阵 C，见式(2-5)：

$$C = \gamma\,(A^{\mathrm{T}} \cdot B)^{\mathrm{T}} + A \tag{2-5}$$

DMAttention 可以无视时间间隔而对相似度较高的特征向量赋予更高的权值，突出重要时刻，增强特征表示，在空气污染物浓度预测上较基于全连接的 Attention 机制取得了更好的效果。

5. STL-TCN-BiLSTM-DMAttention

STL-TCN-BiLSTM-DMAttention 模型由数据预处理、数据特征提取、注意力分配和空气污染物浓度预测四部分组成，结构如图 2-5 所示。

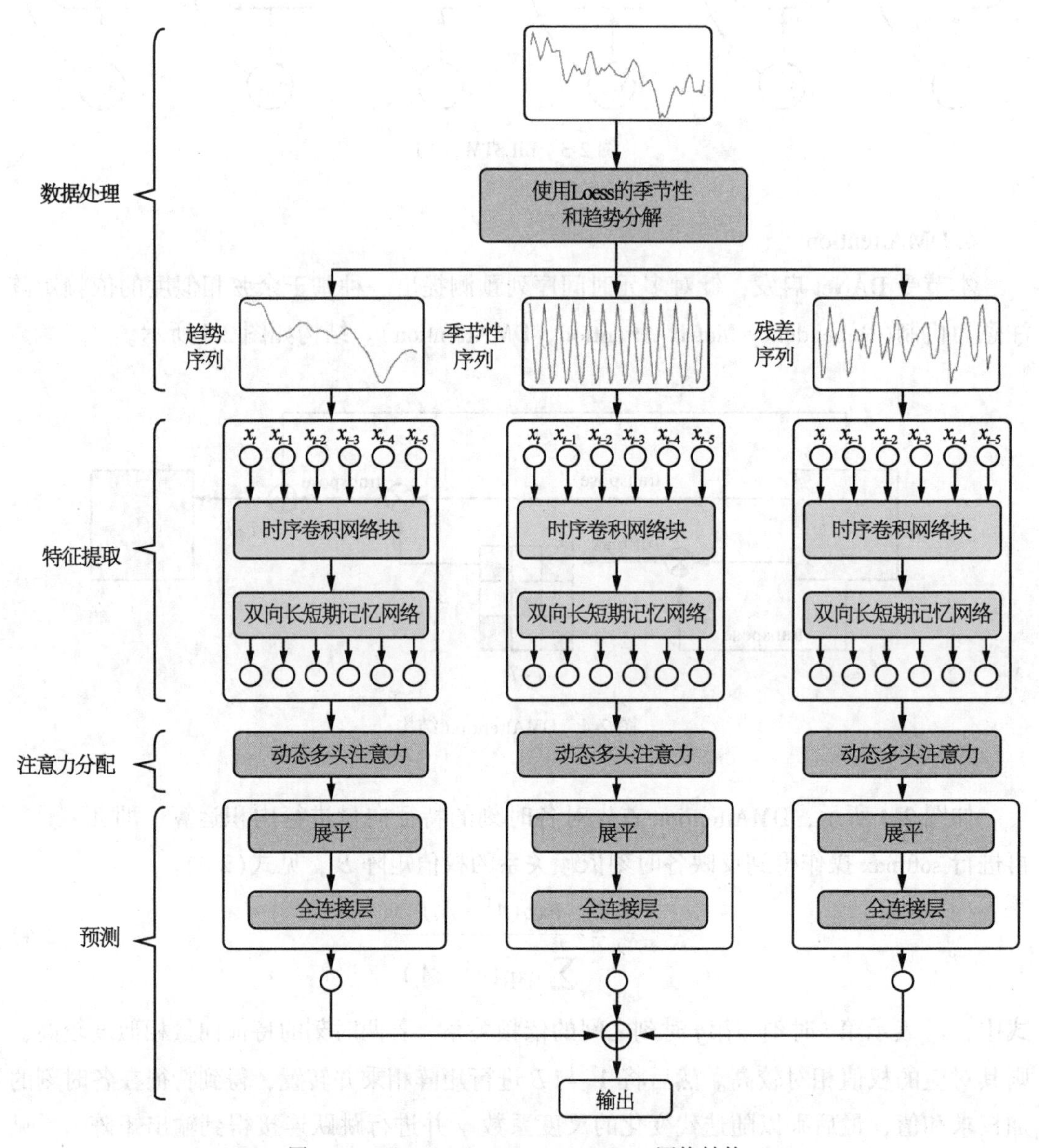

图 2-5　STL-TCN-BiLSTM-DMAttention 网络结构

如图 2-5 所示，模型首先根据指定周期对序列进行趋势项、季节项和余项分解，再将三个子序列分别输入 TCN-BiLSTM 层中进行特征提取分析，然后输入 DMAttention 层进行注意力分配，最后进行序列展平和全连接操作，所得子序列加和即为最终预测结果。

2.1.3 实证分析

2.1.3.1 数据来源

本节所用实验数据来源于中国环境监测站于北京 12 个检测点的实时环境检测数据，数据记录间隔为小时，取平均值，起止时间为 2018 年 1 月 1 日 0 时至 2022 年 4 月 30 日 24 时，共计 37008 个样本，每个样本记录污染物为 $PM_{2.5}$、PM_{10}、SO_2、NO_2、CO 和 O_3。本节将使用所设计模型根据前 t 时刻的信息分别对 $t+1$ 时刻 6 个污染物的浓度进行预测。

2.1.3.2 数据预处理

在原数据集中 PM_{10} 存在 585 个缺失值，$PM_{2.5}$ 存在 1 个缺失值，对于缺失部分，本节使用缺失值前后时刻的均值进行填充。为减少极端值对模型的影响，提高模型收敛速率，本节对每一列特征进行离差归一化处理。

2.1.3.3 实验设计

本节将数据集按照时间顺序以 6 : 2 : 2 的比例划分为训练集、验证集和测试集，在对计算成本和预测精度进行综合考量后以 6 个时刻的数据作为模型输入，预测后一时刻的污染物浓度。

1. 主要超参数设置

本节模型所用超参数如表 2-1 所示。

表 2-1 超参数设置

	超参数类型	值
使用 Loess 进行季节和趋势分解	季节周期性	6
扩展因果转换层 1	扩展率	1
	卷积核	32
	内核大小	3

续表

	超参数类型	值
扩展因果转换层 2	扩展率	2
	卷积核	32
	内核大小	3
扩展因果转换层 3	扩展率	4
	卷积核	16
	内核大小	3
BiLSTM	各方向单位尺寸	4
优化器	Adam	默认值

2. 评价指标

本节使用均方误差根(RMSE)和平均绝对百分比误差(MAPE)对模型的预测结果进行评价，当 RMSE 和 MAPE 越小时，模型的预测效果越好。

RMSE 计算公式如下：

$$\mathrm{RMSE} = \sqrt{\frac{1}{n}\sum_{i=1}^{n}(\hat{y}_i - y_i)^2} \tag{2-6}$$

MAPE 计算公式如下：

$$\mathrm{MAPE} = \frac{100\%}{n}\sum_{i=1}^{n}\left|\hat{y}_i - y_i\right| \tag{2-7}$$

式中，$\hat{y}_i$ 表示预测值；y_i 表示真实值。

3. 模型预测结果

本节根据上述实验设置对 $PM_{2.5}$，PM_{10}，SO_2，NO_2，CO 和 O_3进行短期预测，与真实值进行可视化比较，如图 2-6 所示(由于测试集样本量较大，仅选取后 1 个月进行展示)。

如图 2-6 所示，STL-TCN-BiLSTM-DMAttention 对六种污染物的预测效果均较好，计算得到 RMSE 和 MAPE 值如表 2-2 所示。

以上评价指标的结果显示，对空气污染物浓度预测，本节提出的模型具有较好的预测精度。

4. 模型对比分析

为了对本节提出的 STL-TCN-BiLSTM-DMAttention 各模块有效性和模型整体较高的预测精度进行检验，本节设计以下四个对比实验。

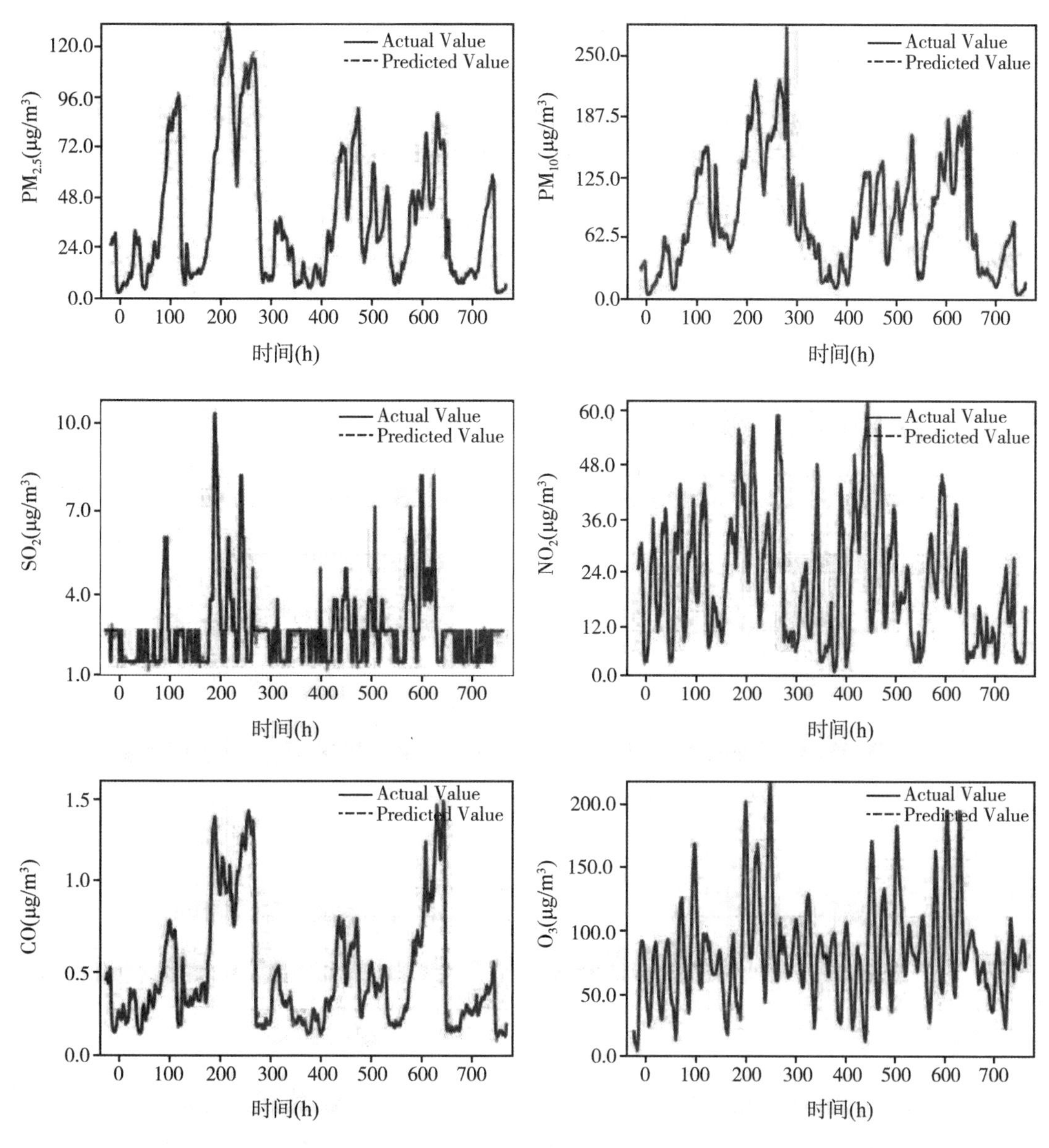

图 2-6　六种污染物预测结果图

表 2-2　目标模型六种空气污染物预测精度测量

评价指标	$PM_{2.5}$	PM_{10}	SO_2	NO_2	CO	O_3
RMSE	1.973	6.054	0.437	1.545	0.076	2.922
MAPE	6.800%	10.492%	9.900%	6.299%	4.178%	7.304%

(1) STL-TCN-BiLSTM-Attention。将所提出模型的 DMAttention 模块用全连接 Attention 替代，以验证 DMAttention 在空气污染物预测上的有效性。

(2)TCN-BiLSTM-DMAttention。将序列分解模块剔除并进行实验以验证 STL 分解的有效性。

(3)CNN-GRU-Attention。使用具有类似结构的 CNN-GRU-Attention 模型进行实验，和本节所提出模型进行对比以验证模型整体结构的有效性。

(4)LSTM、GRU。本节以 LSTM 和 GRU 作为基准模型与所提出的模型进行对比，以验证模型所具有的预测精度。

代入数据得到以上 4 个对比实验结果，如图 2-7 所示。

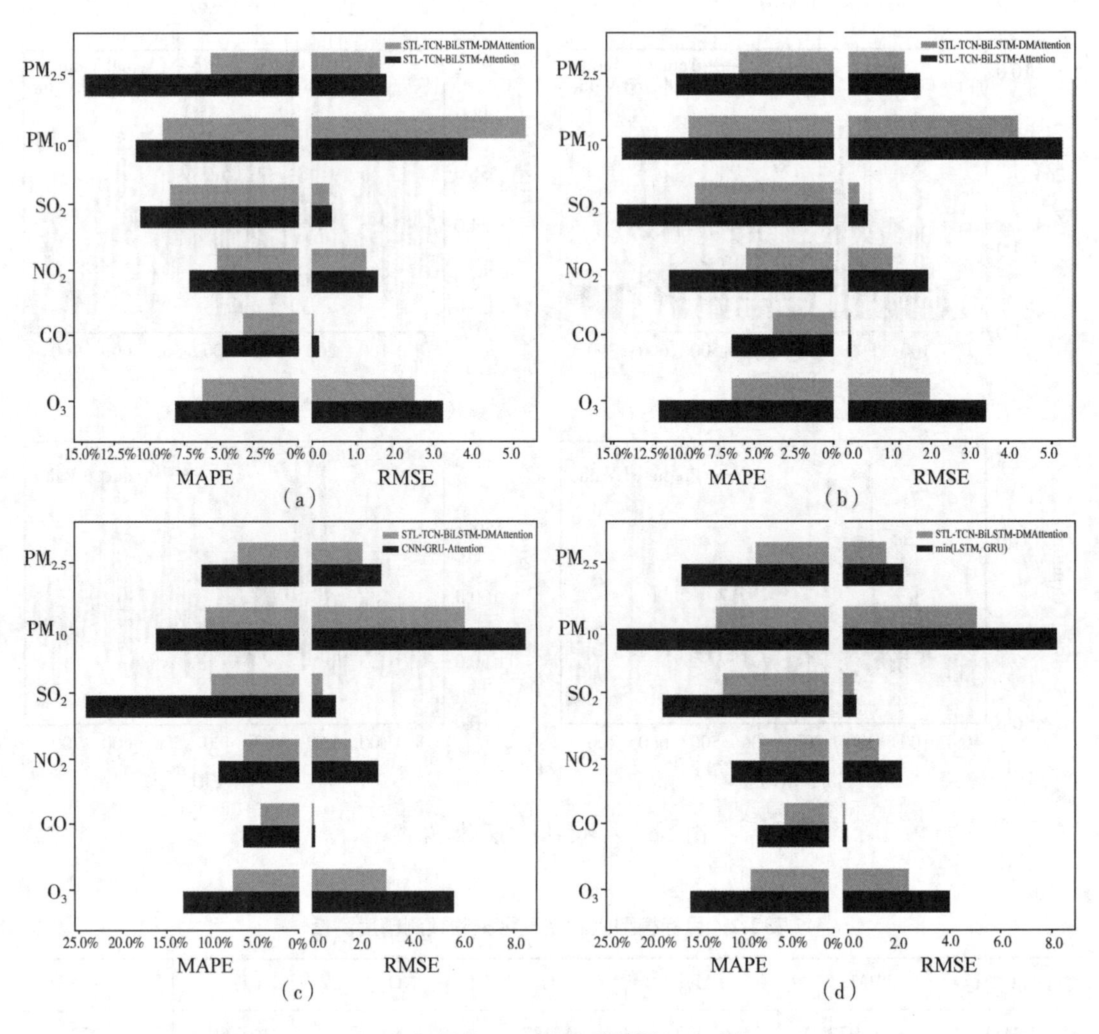

图 2-7　对比实验结果

结合图 2-7 和表 2-3 可得：①使用 DMAttention 模块比使用全连接 Attention 模块，MAPE 平均降低了 30.644%，模型整体优于 STL-TCN-BiLSTM-Attention，预测精度更

高；②使用 STL 进行趋势分解使得模型的 MAPE 平均降低了 39.136%；③相比同为 Convolution-RNN-Attention 结构的 CNN-GRU-Attention 网络，MAPE 平均降低了 43.319%；④相比基准模型 LSTM，MAPE 平均降低了 43.212%，相比 GRU，MAPE 平均降低了 49.111%。将本节所提模型与 LSTM 和 GRU 的最优结果进行比较，如图 2-7 (d)所示，在 6 种空气污染物的浓度预测上均具有较高精度。

表 2-3　不同模型的预测误差

空气污染物类型	LSTM		GRU		CNN-GRU-Attention		TCN-BiLSTM-DMAttention		STL-TCN-BiLSTM-Attention		STL-TCN-BiLSTM-DMAttention	
	RMSE	MAPE	RMSE	MAPE	RMSE	MAPE	RMSE	MAPE	RMSE	MAPE	RMSE	MAPE
$PM_{2.5}$	2.813	14.701%	2.743	13.646%	2.760	10.954%	2.581	11.313%	2.106	16.489%	1.973	6.800%
PM_{10}	9.772	19.685%	10.541	21.701%	8.367	16.125%	7.611	15.287%	4.432	12.593%	6.054	10.492%
SO_2	0.659	18.841%	0.604	15.472%	0.930	24.230%	0.715	15.559%	0.533	12.208%	0.436	9.900%
NO_2	2.698	10.830%	2.620	8.938%	2.605	8.950%	2.843	11.805%	1.901	8.299%	1.545	6.299%
CO	0.113	7.742%	0.110	6.575%	0.094	6.044%	0.108	7.250%	0.183	5.718%	0.076	4.178%
O_3	5.106	16.581%	4.820	12.868%	5.592	13.049%	4.926	12.680%	3.729	9.538%	2.922	7.304%
平均值	—	14.730%	—	13.200%	—	13.225%	—	12.316%	—	10.808%	—	7.496%

空气污染物的浓度常与湿度、温度、光照、空气对流和其他人类活动[25]有关，本节使用 STL 对原序列进行稳健的趋势分解和季节分解，揭示其季节与持续性特征，神经网络模型对于处理良好的序列具有更强的学习能力，得到更精确的预测结果。分解后的序列信息分别输入 TCN 进行间隔采样以获得更大的感受野，能更好地被 BiLSTM 识别，双向的网络结构能充分利用输入的特征信息，然后经过 DMAttention 对依赖程度较高的时刻进行特征强调，实验结果显示在六种空气污染物的浓度预测中本节所提模型得到较其余五个对比模型更精确的预测结果。

2.1.4　小结

本节针对空气污染浓度小时数据易受光照、气温等因素影响的特点，提出 STL-TCN-BiLSTM-DMAttention 模型进行短期浓度预测。使用 STL 方法进行趋势、季节信息提取，利用 TCN-BiLSTM 结构对趋势项、季节项和余项通过膨胀因果卷积和双向时间序列信息处理进行充分的序列特征学习，最后基于本节提出的 DMAttention 机制捕获全局依赖程度较高的时刻，通过展平和全连接层得到最终预测结果。为对模型的精度和泛化性能进行验证，本节设置LSTM和GRU为基准模型，对模型的各模块进行删除和替代，并与具有类似结构的CNN-GRU-Attention模型在六种空气污染物的浓度预测精度上进行比较。根据实验结果得出以下结论：

(1)STL分解能够有效提取出空气污染物浓度随每小时变化的趋势和季节特征，对于模型的预测精度有较大提升；

(2)TCN-BiLSTM模块在分解后序列的特征学习上表现良好；

(3)基于余弦相似度提出的DMAttention相比通过全连接层获得权值向量的Attention机制，在空气污染物浓度预测上能更好地捕获模型所需信息；

(4)相比基准模型LSTM和GRU，STL-TCN-BiLSTM-DMAttention模型预测的MAPE平均降低了43.212%和49.111%，具有较高的预测精度；

(5)对于常见的6种空气污染物，本节所提出的模型均取得了优异的浓度预测效果，模型泛化性能强。

但是，笔者仍注意到有些方面值得做更深层次的研究，如：①将气温、太阳辐射和空气对流等自然影响因素与车流量、燃气使用情况等人为影响因素添加至模型进行预测；②通过对模型结构和模块的调整，将短期预测拓展为长期预测；③使用更多元的数据集以探究模型在其他领域的应用价值。

2.2 基于Improved-PSO的Prophet-LSTM模型的大气污染物浓度预测

2.2.1 概述

通常，空气质量指数(Air Quality Index, AQI)被用于表征空气质量水平，其数值取决于大气中6种污染物的浓度值，包括$PM_{2.5}$、PM_{10}、SO_2、NO_2、CO、O_3。在这些空气污染物中，气溶胶颗粒物尤其是空气动力学直径不大于2.5μm的气溶胶颗粒物(即$PM_{2.5}$)不仅会给人体造成严重危害，还会给社会造成巨大的经济损失。虽然近年来对$PM_{2.5}$的治理成效显著，但减排任务仍然艰巨。因此，污染物浓度的准确预测对社会以及人们的正常活动起着关键的作用。

在大气污染物$PM_{2.5}$浓度预测方面，运用数值模式和机器学习模式对$PM_{2.5}$浓度进行预测是当前的两种主流模式。数值模式是通过研究$PM_{2.5}$污染源物质的扩散方式和$PM_{2.5}$污染源物质与$PM_{2.5}$浓度之间的数学关系，总结出二者之间在数学形式上的扩散方程并对方程进行数值求解。一个好的数值模型可以非常准确地预测排放的污染物在特定气象条件、特定地点和特定时间的大气污染物浓度状况。CMAQ（Community Multiscale Air Quality Model）模式[26]和 WRF-Chem（Weather Reasearch and Forecasting Model With Cheemistry）[27]是当前两种主流的大气污染物数值预测模型。

CMAQ 模式是由美国环保局暴露研究实验室下的大气模型和分析部门领导共同开发的数值模型。Chemel 等[28]应用 CMAQ 模型对英国的大气污染物浓度状况进行研究并对英国未来的 $PM_{2.5}$浓度状况进行预测，其研究成果为英国制定相关政策提供了重要参考。Djalalova 等[29]通过对美国历史数据建立 CMAQ 模型，预测美国 12 个月内的每小时 $PM_{2.5}$浓度状况，模型结果显示在 CMAQ 模型下，$PM_{2.5}$浓度预测在浓度偏差方面具有很强的依赖性。在国内，也有学者采用 CMAQ 模式对 $PM_{2.5}$浓度预测进行研究，汪辉等[30]通过建立 CMAQ 和 CAMx 模型，对浙江省台州市 2016 年 1—12 月的 $PM_{2.5}$浓度区域污染贡献情况和空间分布情况进行研究，研究结果表明 CMAQ 和 CAMx 模型预测效果较好。程兴宏等[31]通过结合 CMAQ 模型和自适应偏最小二乘法得到动力-统计预测方法，对 2014 年 1—12 月全国 $PM_{2.5}$浓度的时空演变特征进行了研究，研究结果为空气质量预测、污染天气预警及污染防治提供了新的途径。吴育杰[32]构建了适用于京津冀及周边地区的双层嵌套 WRF-CMAQ 三维空气质量模型，模型拟合结果表明，WRF-CMAQ 模式对主要气象参数及各城市污染物浓度的模拟与观测值较吻合，经验证 ISAM 标记结果与主体模式具有较好的一致性。

WRF 气象预报模式是由美国环境监测中心和国家大气研究中心等机构共同开发的气象预报模型[33]，在 WRF 模式上加入大气化学模块就得到了 WRF-Chem 模式。Im 等[34]通过搭建 CAMQ 模型和 WRF 模型研究伊斯坦布尔冬季的空气污染情况，研究结果对探究伊斯坦布尔当地的污染排放源具有重要意义。李霄阳[35]通过 WRF-Chem 模型对开封市的 $PM_{2.5}$污染状况进行分析；魏哲等[36]通过 WRF-Chem 模型对邯郸市的 $PM_{2.5}$污染状况进行分析。数值模式不仅可以预测大气空气污染的程度和状况，还可以对大气污染物的来源进行分析，模型直观、清晰。但该模式的局限性在于需要非常详细的大气污染参数和气象数据才能建立起一个精确的大气污染预测模型。

近年来，随着深度学习在不同领域取得显著效果，越来越多的学者开始利用深度学习模型预测 $PM_{2.5}$浓度。侯俊雄等[37]基于随机森林模型建立了北京市 $PM_{2.5}$浓度预测模型，MAE 低于 55，具有较高的精度，并基于该模型采用 Spark 集群，有效地减少了训练模型所需时间。曲悦等[38]利用反向传播神经网络、卷积神经网络和长短时记忆网络对北京市 $PM_{2.5}$的历史数据进行训练，模型准确率达到 81%。阳其凯等[39]将 BP 神经网络与遗传算法结合用于研究 $PM_{2.5}$的演变规律，验证了模型的有效性。

目前鲜有学者将 Prophet 模型与深度学习模型结合来对 $PM_{2.5}$浓度进行预测。本节提出了一种新的混合模型 Prophet-LSTM-PSO，对武汉市 2014 年 1 月 1 日至 2021 年 5 月 3 日的 6 种污染物浓度的时序数据进行建模分析，将时间序列数据通过 Prophet 算法进行分解，用 Prophet 预测趋势项和周期项，用 LSTM 预测误差项，并加入改进的 PSO 算法进行优化，发现该模型能够较好地处理时间序列噪声多、非线性的问题，从而提升了预测精度和执行速度。本节首先将其运用到 $PM_{2.5}$浓度预测中，相较于其他单一模型和混合模型，该模型同时拥有了 Prophet 和 LSTM 两者的优点，MAE 低至 11.23，预测精度有了明显的提升。再将其运用到其他影响 AQI 的污染物浓度预测中，发现模型对大部分污染物的预测精度较高，其中对 SO_2和 CO 的 MAE 低至 2.57 和 0.19。验证了 Prophet-LSTM-PSO 模型的有效性和稳定性，并且泛化能力较好。

2.2.2　研究方法

1. Prophet

Prophet 是 Facebook 公司在 2017 年开源的时间序列预测模型。Prophet 以灵活、简单的使用方式而广受欢迎，其能够自动对缺失值进行填补，并且具有非常不错的预测效果。Prophet 采用时间序列分解方式对时间序列进行预测建模，Prophet 的模型构成见式(2-8)：

$$y(t)=g(t)+s(t)+h(t)+\varepsilon \tag{2-8}$$

式中，$g(t)$ 为趋势项；$s(t)$ 为周期项；$h(t)$ 为节假日项；ε 为随机波动项。

(1)趋势项：Prophet 模型的趋势项采用了基于改进的 Logistic 增长函数对时间序列中的非周期性变化进行拟合(式(2-9))。

$$g(t)=\frac{c(t)}{1+\exp[-(k+\alpha(t)^{\mathrm{T}}\delta)][t-(m+\alpha(t)^{\mathrm{T}}\gamma]}$$
$$a(t)=\begin{cases}1, & t>s_j\\ 0, & \text{其他}\end{cases} \tag{2-9}$$

式中，c 表示模型的容量，即增长的饱和值，是时间 t 的函数；$k+\alpha(t)^{\mathrm{T}}\delta$ 表示模型随时间变化的增长率；$m+\alpha(t)^{\mathrm{T}}\gamma$ 代表偏移量；s_j 表示在时间序列变化过程中增长率发生变化的突变点；δ 表示突变点处增长率的变化量。

(2)周期项：Prophet 模型使用傅里叶级数来模拟时间序列的周期性(式(2-10))：

$$s(t)=\sum_{n=1}^{N}\left[a_n\cos\left(\frac{2\Pi nt}{p}\right)+b_n\sin\left(\frac{2\Pi nt}{p}\right)\right] \tag{2-10}$$

式中，p 表示某个固定的周期；N 表示模型中需要使用的周期个数；a_n，b_n 为待估参数。

(3)节假日项：Prophet 模型将一年中出现的不同节假日对时间序列趋势变化的影响视作相对独立的多个模型，并且为每个模型设置单独的虚拟变量(式(2-11))：

$$h(t) = Z(t)k = \sum_{i=1}^{L} k_i \cdot 1_{\{t \in D_i\}} \tag{2-11}$$

式中，k_i 表示节假日对预测值的影响；D_i 表示虚拟变量。

Prophet 模型的主要优点：能够灵活地对周期性进行调整，并且可以对时间序列的趋势进行不同假设；不需要对缺失值进行填补，模型会自动处理缺失值；采用能够在较短的时间内得到需要预测的结果；能够针对不同场景对预测模型的参数进行改进。

2. LSTM

长短时记忆网络(LSTM)是基于传统循环神经网络(RNN)的一种改进的模型，在时间序列预测方面具有良好的性能。LSTM 具有更精细的信息传递机制，能够解决 RNN 在实际应用过程中所面临的长期记忆力不足、梯度消失或梯度膨胀等问题，使其具有处理时间序列中长期依赖问题的能力。LSTM 模型结构如图 2-8 所示。

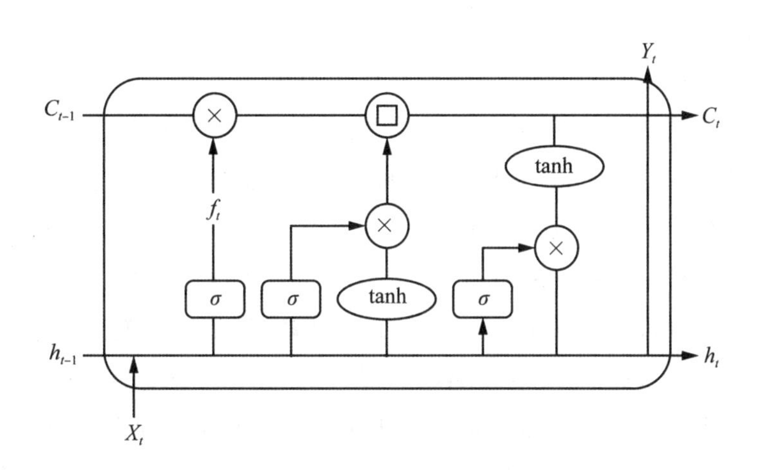

图 2-8　LSTM 神经元内部结构

LSTM 依靠输入门、输出门、忘记门三个单元结构来实现对细胞状态的控制和保护，输入门控制信息流入，输出门控制信息流出，忘记门控制记忆单元记录历史细胞状态的强度，各状态门的主要功能如下：

(1)输入门：确定哪些信息进入细胞状态中并且更新细胞状态信息。通过 sigmoid

函数决定需要更新的值，进而通过 tanh 函数创建一个新的值向量，最后更新至最新的细胞状态(式(2-12))。

$$
\begin{aligned}
i_t &= \sigma(W_t[h_{t-1}, x_t] + b_t) \\
C_t &= f_t C_{t-1} + i_t \cdot \tanh(W_c[h_{t-1}, x_t]) + b_c
\end{aligned}
\tag{2-12}
$$

式中，W_t、W_c 为权重向量；b_t、b_c 为偏差向量。

(2) 忘记门：通过对历史信息进行选择性处理，从而确定细胞状态中哪些信息需要丢失及哪些信息需要保留。输入为 h_{t-1} 和 x_t，通过 sigmoid 函数计算得到忘记门 f_t(式(2-13))。

$$
f_t = \sigma(W_f[h_{t-1}, x_t]) + b_f \tag{2-13}
$$

式中，W_f 为权重向量；b_f 为偏差向量。

(3) 输出门：确定需要输出的信息，首先利用 sigmoid 函数将输出值转化为 0 和 1，1 表示输出，0 表示不输出，将细胞状态与得到的值相乘输出最后的信息(式(2-14))。

$$
\begin{aligned}
o_t &= \sigma(W_o[h_{t-1}, x_t] + b_o) \\
h_t &= o_t + \tanh(C_c)
\end{aligned}
\tag{2-14}
$$

式中，W_o 为权重向量；b_o 为偏差向量。

3. Improved-PSO

粒子群优化算法是由 Eberhart 和 Kennedy 于 1995 年提出的一种全局搜索算法，是一种模拟自然界生物活动及群体智能的随机搜索算法。该算法除了考虑模拟生物的群体活动之外，还融入了个体认知和社会影响，是一种群体智能算法。它要求每个粒子在寻优的过程中维护两个向量，速度向量 $v_i = [v_i^1, v_i^2, \cdots, v_i^D]$ 和位置向量 $x_i = [x_i^1, x_i^2, \cdots, x_i^D]$。其中，$i$ 是粒子的编号，D 是求解问题的维数。粒子的速度决定了其运动的方向和速度，位置体现了粒子所代表的解在解空间中的位置，是评估解的质量的基础。算法同时还要求每个粒子各自维护一个自身的历史最优位置向量(pBest)，并且群里还要维护一个全局最优向量(gBest)。Improved-PSO 算法使用了缓存化(持久化)计算对算法进行加速。数据缓存化是指在多个操作间都可以访问这些持久化的数据。当持久化一个弹性分布式数据集(RDD)时，每个节点的其他分区都可以使用 RDD 在内存中进行计算，在该数据上的其他 action 操作将直接使用内存中的数据。这样能使以后的 action 操作计算速度加快(通常运行速度会加速 10 倍)。由于在本次模型中的 batch 输入有大量重复性工作，使用该算法可以显著提升模型运算速度。算法伪代码如表 2-4 所示。

表 2-4 Improved-PSO 算法的伪代码

```
//说明：本例以求问题最小值为目标
//参数：N 为群题规模
procedure PSO
    for each particle i
        Initialize velocity V_i and position X_i for particle i
        Evaluate particle i and set pBesti = X_i
    end for
    gBest=min (pBesti)
    while not stop
        for i = 1 to N
            Update the velocity and position of particle i
            Evaluate particle i
            if fit ( X_i )<fit (pBesti)
                pBest= X_i
            if fit (pBesti)<fit (gBest)
                gBest=pBesti;
            end for
        end while
        print gBest
    end procedure
```

4. Prophet-LSTM 组合预测模型

模型分三部分对数据进行预测。首先利用 Prophet 的分解原理，将 $PM_{2.5}$浓度数据分为趋势项、周期项及误差项。其中趋势项和周期项用 Prophet 模型进行拟合，误差项使用 LSTM 进行正向特征提取。在此基础上加入优化的粒子群算法对组合模型进行优化，输出的最终特征即为 $PM_{2.5}$浓度预测值。最后本节将该模型运用到其他污染气体浓度预测，以验证模型的泛化能力。预测流程如图 2-9 所示。

2.2.3 实证分析

2.2.3.1 数据来源

本节研究数据来源于中国环境监测总站(http://www.cnemc.cn/)，选取武汉市 2014 年 1 月 1 日至 2021 年 5 月 3 日的 $PM_{2.5}$浓度日数据，数据总量为 2678，无缺失值。将 2014 年 1 月 1 日至 2020 年 12 月 30 日的 $PM_{2.5}$历史数据作为训练集，2021 年 1 月 1

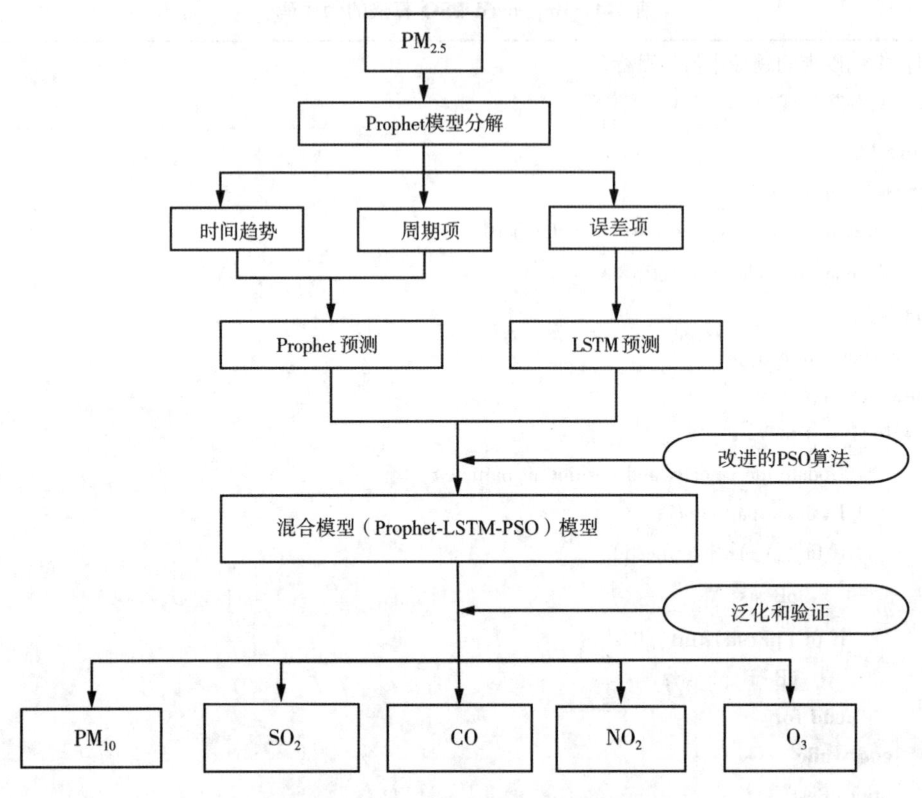

图 2-9　Prophet-LSTM-PSO 模型框架

日至 2021 年 5 月 3 日的 $PM_{2.5}$ 数据作为测试集。采用训练集拟合模型参数，测试集评估模型的预测能力。

2.2.3.2　评估准则的选取

为了全面地定量评价模型，本节选取平均绝对误差 MAE，均方根误差 RMSE 及均方误差 MSE 来衡量不同模型的预测精度，记 y_i 为真实值，$\hat{y}_i$ 为估计值，$i=1, 2, \cdots, n$。其中 n 为样本量，上述指标的表达式如式(2-15) ~ 式(2-17) 所示。

$$\mathrm{MAE} = \frac{1}{n}\sum_{i=1}^{n} |\hat{y}_i - y_i| \tag{2-15}$$

$$\mathrm{RMSE} = \sqrt{\frac{1}{n}\sum_{i=1}^{n} (y_i - \hat{y}_i)^2} \tag{2-16}$$

$$\mathrm{MSE} = \frac{1}{n}\sum_{i=1}^{n} (y_i - \hat{y}_i)^2 \tag{2-17}$$

根据上述评价指标的表达式可知，三者的值越小，模型的预测误差越小。

2.2.3.3 实验设置

本实验采用了 2014—2021 年 $PM_{2.5}$逐日浓度数据，无缺失值；为了使模型最大限度地学习到数据信息，不对离散数值做处理，并按照 8 ∶ 2 比例划分为训练集和测试集。

(1) changepoint 参数设置：首先初始化 Prophet 模型，采用网格搜索法在区间[0.1，1]内搜索，分别对训练集数据进行测试。得到当 changepoint 等于 0.9 时，平均绝对误差值最小。

(2) LSTM 预测：为了更加客观地捕捉误差项的信息，本节考虑通过 LSTM 进行特征的提取。为了加速对 LSTM 模型的训练，将武汉市 $PM_{2.5}$数据进行标准化，标准化公式如下：

$$x^{j} = \frac{x^{i} - x_{\min}}{x_{\max} - x_{\min}} \tag{2-18}$$

经过实例分析，LSTM 的参数设置如表 2-5 所示。

表 2-5　LSTM 关键参数设置

主要超参数	设置值
批量大小	7
时间步长	7
输入大小	1
最大迭代次数	20
损失函数	MSE
优化器	Adam

本节每次向 LSTM 模型中输入一周的浓度数据，并基于已有数据对下一周的数据进行预测，迭代次数为 30。由于相较于其他优化算法，Adam 算法具有更快的收敛速度和更强的稳定性，因此选用 Adam 作为优化器。损失函数使用 MSE 进行估计。

(3) 组合模型权重设置：本节采用加权平均法将 Prophet 模型和 LSTM 模型融合，即最终模型预测结果如下式所示。

$$f(x) = w_1 \cdot f_1(x) + w_2 \cdot f_2(x) \tag{2-19}$$

式中，$f_1(x)$ 和 $f_2(x)$ 分别代表 Prophet 和 LSTM 模型的预测结果。

为寻找最优权重系数，本节采用两种方式进行求解：一是采用网格搜索法搜索最优权重组合；二是使用改进的 PSO 算法对权重值进行求解。两种算法分别对应两种模型：Prophet-LSTM 模型和 Prophet-LSTM-PSO 模型。

2.2.3.4　实验结果与分析

1. 实验结果

根据 Prophet 分解原理，将周期性分解出来。如图 2-10 所示，从年度趋势来看，武汉市冬春季节的 $PM_{2.5}$浓度要高于夏秋季节，其中 7 月的 $PM_{2.5}$浓度最低，2 月的浓度最高。从分解结果进行分析，进一步验证了模型的合理性和准确性。

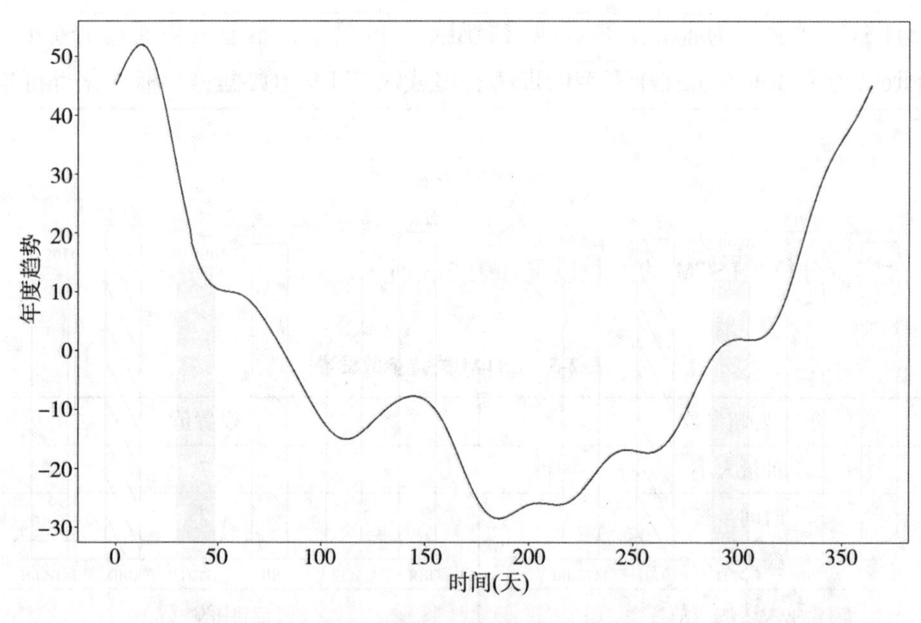

图 2-10　趋势项以及周期性示意图

将 4 种模型的预测结果与真实值进行对比，如图 2-11 所示。由图不难看出，通过 LSTM 进行预测时，波动性较大。随着时间的推移，与真实值的拟合程度越来越高；反观 Prophet 模型的预测数据，整体来看较为平缓，波动性较小，但相较 LSTM 而言，其准确性较低。因此将 Prophet 与 LSTM 模型进行组合，以期同时拥有二者的优点。将混合模型的预测值与单一模型进行对比，明显看出，在减少波动性的同时，预测准确性也得到了提升，加入改进的 PSO 算法后效果更加明显，更进一步验证了模型的有效性和合理性。

2. 模型对比分析

本节选取了三种模型 LSTM、Prophet 和 Prophet-LSTM 与已有模型进行对比，依然使用上述三种指标来衡量各个模型的性能。

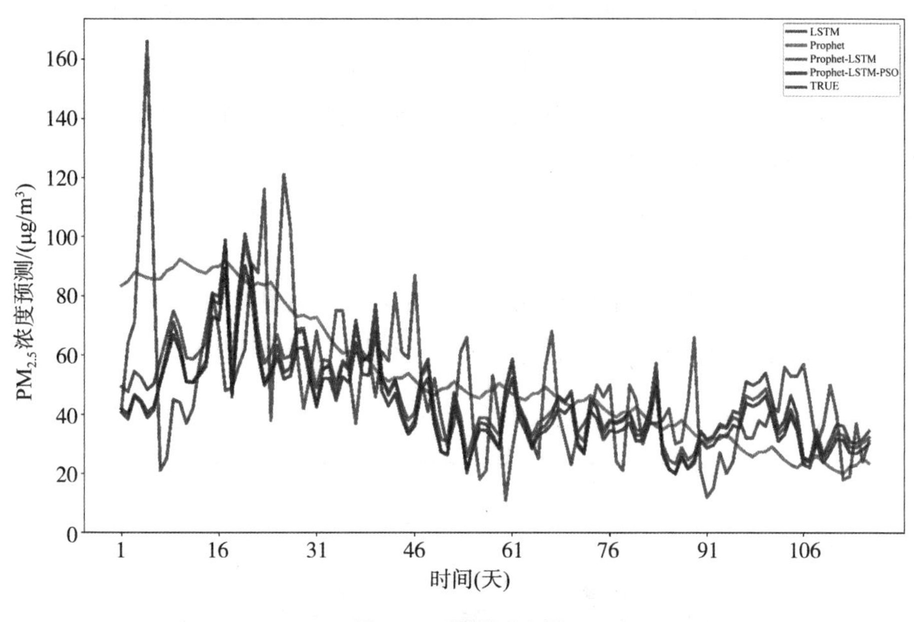

图 2-11 预测对比图

表 2-6 和表 2-7 分别为各个模型在训练集和测试集上对逐日的 $PM_{2.5}$浓度预测的情况，图 2-12 和图 2-13 直观地展示了四种模型的预测效果对比情况。结果表明：

表 2-6 模型在 $PM_{2.5}$训练集性能比较

	MAE	MSE	RMSE
LSTM	22.5309	1076.5015	32.8101
Prophet	18.8704	744.1384	27.2789
Prophet-LSTM	15.0784	510.9208	22.6036
Prophet-LSTM-PSO	14.8890	506.4713	22.5049

表 2-7 模型在 $PM_{2.5}$测试集性能比较

	MAE	MSE	RMSE
LSTM	18.0275	637.2866	25.2445
Prophet	17.5042	534.8259	23.1263
Prophet-LSTM	12.0409	246.8808	15.7124
Prophet-LSTM-PSO	11.2338	225.2582	15.0086

注：由于涉及 LSTM 的模型在每轮训练中存在随机性，因此最终的指标值皆为重复多次取平均得到的结果。

(1) Prophet 的分解方式对满足乘法模型的时间序列数据具有较好的适用性，组合模型较好地解决了数据噪声多而导致的预测精度低的问题。

(2) 在组合模型中，加入改进的 PSO 算法的 Prophet-LSTM-PSO 模型有着更加优良的性能，并且对权重求解的精度较高。

(3) 从精度的水平对比来看，Prophet-LSTM-PSO 模型无论是从训练集还是测试集来看，预测效果均优于其他模型。

(4) 相较于单一模型 LSTM 和 Prophet，Prophet-LSTM-PSO 能够将两者的优点进行融合，说明本节提出的模型的有效性和准确性较强，组合模型在提升预测精度方面十分显著。

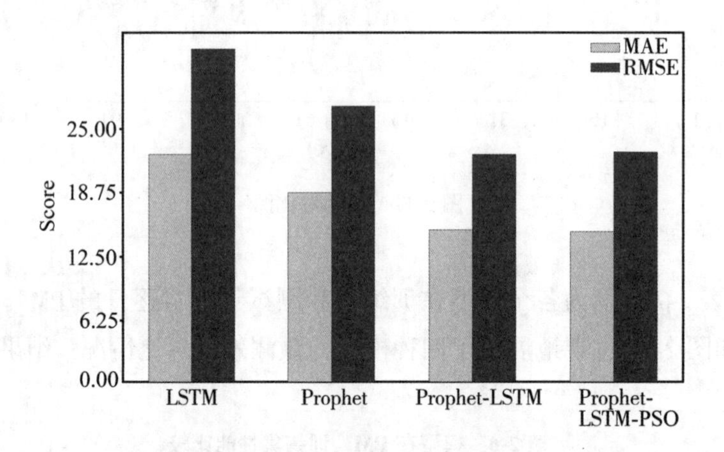

图 2-12　预测模型在训练集上的水平误差对比

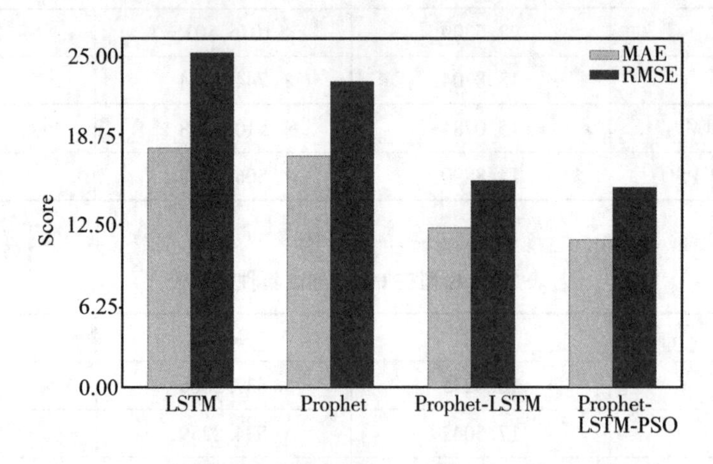

图 2-13　预测模型在测试集上的水平误差对比

3. 泛化能力分析

在本节中，将进一步探究 Prophet-LSTM-PSO 模型的泛化能力，分别基于同种类型

颗粒物 PM_{10}和不同类型物质 SO_2、CO、NO_2、O_3的浓度数据集来测试该混合模型的稳定性，并与其他模型进行对比。评价指标与上文中 MAE、RMSE 一致。表 2-8 和表 2-9 分别展示了各个模型在测试集上对不同物质浓度预测的性能评估情况，图 2-14 为六种数据实际浓度的折线图，从(a)到(f)分别为 CO、NO_2、O_3、SO_2、PM_{10}及 $PM_{2.5}$，用来反映时序数据的整体特征。

表 2-8 测试集 MAE

	LSTM	Prophet	Prophet-LSTM	Prophet-LSTM-PSO
PM_{10}	32.5500	27.1741	26.3076	26.0576
SO_2	2.5735	3.0088	2.4247	2.3076
CO	0.1963	0.1928	0.1866	0.1809
NO_2	14.9144	12.1231	12.2905	12.0758
O_3	25.8970	22.9098	22.1432	21.7179

表 2-9 测试集 RMSE

	LSTM	Prophet	Prophet-LSTM	Prophet-LSTM-PSO
PM_{10}	42.1750	36.0481	35.5689	34.6279
SO_2	3.4050	3.6736	3.1421	3.1346
CO	0.2407	0.2506	0.2329	0.2249
NO_2	18.0875	14.8783	14.8832	14.6824
O_3	32.4554	28.4266	28.2440	27.5377

由表 2-8 和表 2-9 可知，与预测 $PM_{2.5}$浓度相比，预测 CO、SO_2和 NO_2浓度时模型的预测精度均有所提高，值得注意的是，该模型在预测 CO、SO_2浓度时的预测精度非常高，观察图 2-15 和图 2-16 可以发现，两者皆有明显的长期趋势性，且离群点较少，周期性较明显。为初步验证该猜想，对上述三种时间序列数据进行平稳性检验(本节所用的是 ADF 检验)，发现 P 值均小于 0.05，另外两种时间序列数据经过 ADF 检验的 P 值均大于 0.05。因此这三种数据均为非平稳数据，另外两种数据为平稳数据。当然，仅凭借单一数据集并不能断言猜想的正确性，但本次尝试也为相关领域提供了一个新的研究方向。

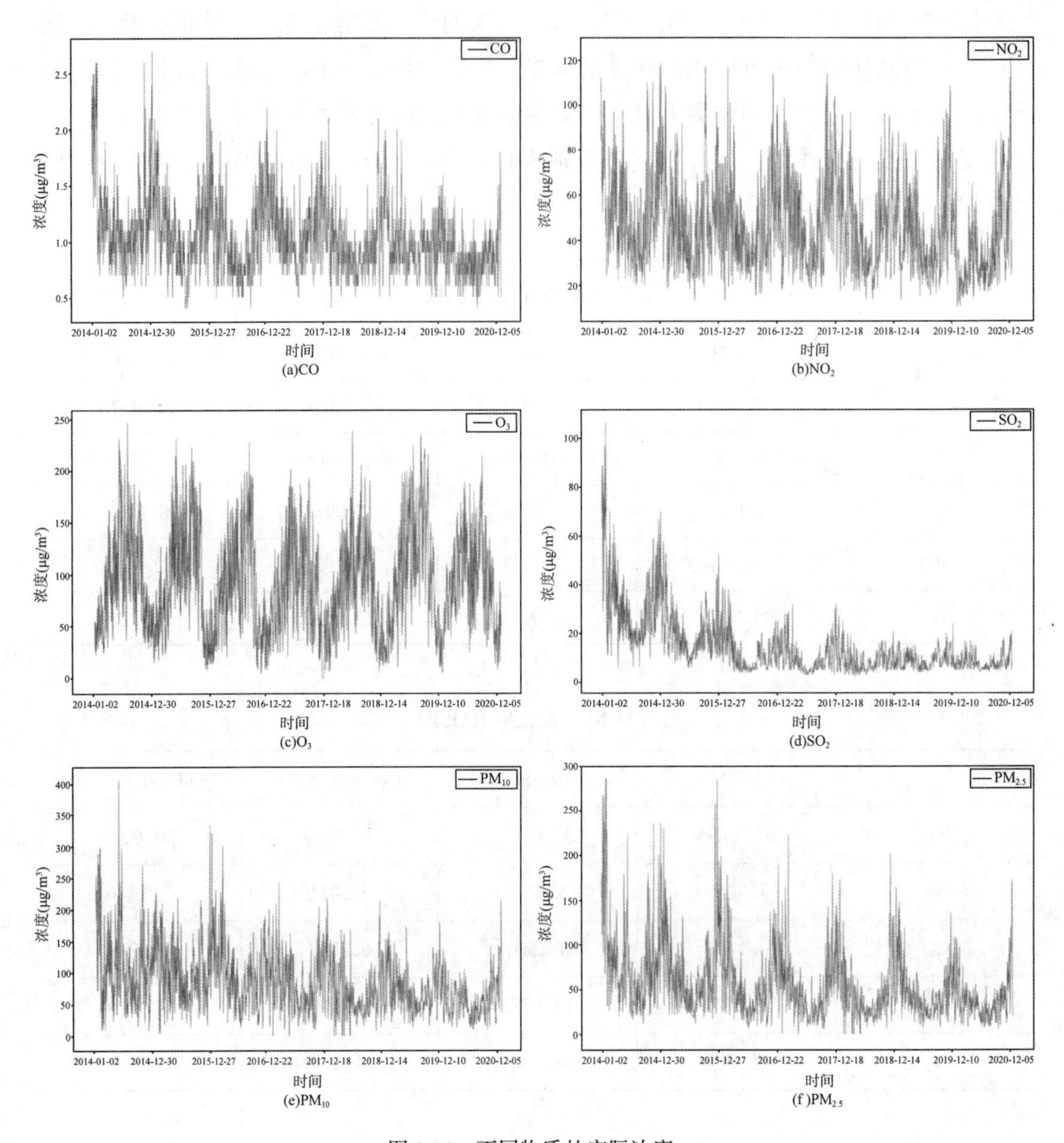

图2-14　不同物质的实际浓度

预测 PM_{10}和 O_3浓度时，虽然预测精度有所降低，但是 MAE 和 RMSE 相较于 $PM_{2.5}$预测时差距较小。值得注意的是，单一模型 LSTM 和 Prophet 两者在预测精度方面并没有严格的优劣之分，尽管 Prophet 在大部分情况下体现出较优良的性质。从水平精度来看，Prophet-LSTM-PSO 模型预测效果仍然最好，混合模型相较于单一模型在精度方面均有较大的提升。再次验证该混合模型的有效性和鲁棒性。

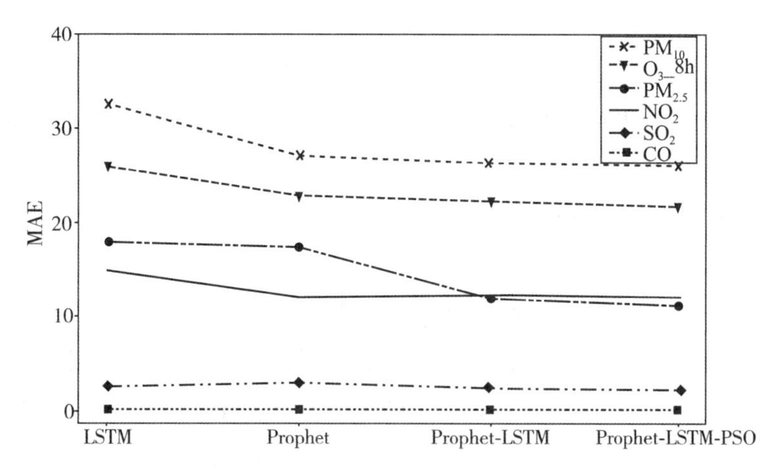

图 2-15 不同物质浓度预测的 MAE 对比

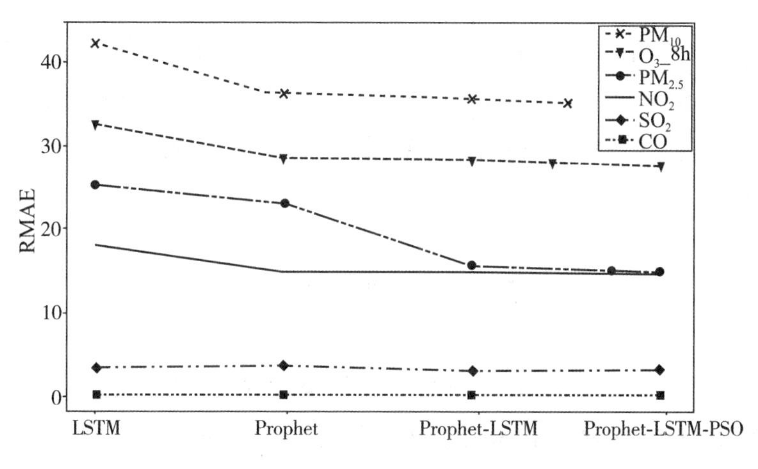

图 2-16 不同物质浓度预测的 RMSE 对比

2.2.4 小结

本节利用武汉市 $PM_{2.5}$历史时间序列数据，为解决由于 $PM_{2.5}$时间序列噪声多等特点导致预测精度低的问题，建立了基于 Prophet-LSTM-PSO 组合模型的预测方法。首先通过 Prophet 分解方法将数据分解为趋势项、周期项和误差项，综合考虑 Prophet 和 LSTM 两种模型的优势，趋势项和周期项使用 Prophet 模型进行预测，误差项使用 LSTM 模型进行预测，并最终通过改进的 PSO 算法将两者组合，进行逐日的 $PM_{2.5}$浓度值预测。为了突出 Prophet-LSTM-PSO 混合模型的有效性与合理性，设置三组对比实验，将其与单一模型 Prophet、LSTM 及混合模型 Prophet-LSTM 进行对比，实验结果表明：

(1)混合模型的预测效果普遍优于单一模型，预测精度更高。

(2)Prophet 分解算法对原时间序列进行分解，可以有效地提取时间序列信息，并去除噪声，预测精度得到明显提升。

(3)对混合模型加入改进的 PSO 算法进行优化，权重精度提高，再次提高预测精度。

为了研究模型的泛化能力，本节对 PM_{10}等另外五种物质浓度进行了预测，发现相较于单一模型，混合模型在预测精度上均有显著提升。此外，综合考虑时序数据的特点，本节发现了一些有趣的现象：混合模型 Prophet-LSTM-PSO 似乎对带有明显周期性、具有长期趋势且符合乘法模型的时间序列数据有所偏好。在上述分析中仅仅通过折线图及 ADF 检验来初步验证该猜想，未深入分析，但也为相关领域的研究提供了一个新的方向。

尽管本节提出的 Prophet-LSTM-PSO 对 $PM_{2.5}$等一系列时间序列数据的浓度预测有着较高的精度，达到本节的研究目的。但对于误差项并未做过多的提取，导致包含的因素较多，对误差项的解释性较差。若能将误差项进一步分解，预测精度可能会得到进一步的提升。

2.3 本章小结

本章介绍了两种基于机器学习预测大气污染物浓度的方法。2.1 节提出了基于 STL 分解 TCN-BiLSTM-DMAttention 模型的预测方法，通过实证分析，结果显示该模型均优于对比模型；2.2 节中提出了一种基于 Improved-PSO 的 Prophet-LSTM 的模型，用于预测大气污染物浓度。经过实验对比，该模型不仅在预测精度上显著提升，还表现出优异的稳定性和泛化能力。两种方法用于大气污染物浓度均取得了显著的效果，这表明机器学习模型能对大气污染物浓度作出准确预测，对改善大气环境的意义重大。

第3章　基于机器学习模型的空气质量指数预测

本章提出一种基于 SSA-BiLSTM-LightGBM 模型和一种基于 Transformer-BiLSTM 模型，用于空气质量指数(AQI)的预测，并通过实验进行了验证。结果显示，两种方法均取得了显著的效果。

3.1　基于 SSA-BiLSTM-LightGBM 模型的空气质量指数预测

3.1.1　概述

近年来，机器学习方法的飞速发展为空气质量指数的预测提供了新的方法和手段，研究者致力于提出新的方法以不断提高对空气质量预测的精度，因此实现对空气质量指数(AQI)的高精度预测成为一个重要的研究议题，对城市发展及国民健康都有积极的意义。

近年来，国内外诸多学者对空气质量指数的预测进行了深入研究。最初采用的方法主要有数值方法和传统统计模型。数值方法的核心是以大气动力学及环境化学等为基础，根据空气污染排放源数据、气象数据等构建模型并通过计算机进行求解。但此方法建模与计算过程复杂庞大，在实际应用过程中较难推广，故在本节中不予讨论。传统统计模型的核心是基于历史数据进行预测，建模过程相对便捷且发展至今已较成熟，故受到国内外学者的青睐。但是，随着人工智能算法的完善，国内外的诸多学者在研究上述两种方法的基础上也提出了一系列基于机器学习进行预测的方法，根据预测模型的不同主要分为三类：

第一类是采用传统统计模型进行预测：He 等[40]通过建立 ARIMA(p, d, q)模型进行时间序列预测获得残差序列后进行进一步的分析。Sigamani 等[41]基于空气污染物与气象参数两个时间序列相关变量的相关性，建立多元线性回归模型预测 AQI。Jiao 等[42]通过对各变量进行 Box-Cox 变换，在模型选择后以指数回归分析模型对 AQI 进行预测。Yang 等[43]利用时间序列分析提出了针对北京雾霾的长期预测模型；通过构建雾霾日增量的动态结构计量模型，并将其简化为向量自回归模型；研究结果表明，该模型在次日的 AQI 预测中表现良好。但由于 AQI 指数受多个难以确定及非线性的因子影响，传统回归预测方法在此类型预测中效率和精度效果较差。

第二类是采用机器学习模型进行预测：Zhang 等[44]提出基于长短期记忆单元的递归神经网络模型，通过有效利用时序数据中长距离依赖信息的能力，以及结合污染指标因素对 AQI 进行精准预测。Hua 等[45]则将贝叶斯网络引入空气质量研究，通过贝叶斯网络对 AQI 进行预测。Kumar 等[46]利用基于主成分分析(PCA)的神经网络来预测每日的 AQI，使用前一天的 AQI 和气象变量对标准空气污染物的 AQI 进行了预测。Ganesh 等[47]，使用共轭梯度下降训练的径向基函数模型预测特定感兴趣区域的空气质量指数(AQI)并发现该模型优于其他人工神经网络(ANN)预测器(如 MLP、Elman 和 NARX 等神经网络模型)。

第三类是采用基于上述模型的组合预测模型：Zhao 等[48]从时间和空间维度对非监测区域的 AQI 进行预测，应用改进的 KNN 算法在时间维模型来预测监测站点间的 AQI 值，同时引入考虑地理距离的反向传播神经网络对 AQI 在空间维度上进行预测。Xu 等[49]首先采用灰色关联分析法评价分析主要污染物对空气质量的影响，然后提出了改进的海鸥优化算法并结合支持向量回归建立了混合预测模型 ISOA-SVR 以对 AQI 进行预测。Zhu 等[50]将 K-means 聚类与循环神经网络长短时记忆(RNN-LSTM)模型相结合，提出了一种新的混合多点预测方法。相较于传统方法，不仅提高了预测的准确性和有效性，而且揭示了土地利用方式与空气质量指数(AQI)的关系。Chhikara 等[51]通过分布式的联邦学习(FL)算法，利用群体智能寻找并联合 CNN-LSTM 模型预测 AQI。Liu 等[52]建立了 LSTM-SSA 模型，通过长短期记忆耦合麻雀搜索算法(SSA)来提高预测的精度，在研究过程中发现 AQI 本身数据具有非平稳性。针对此特性增强预测的效果，许多学者提出了不同的方案，例如 Yan 等[53]提出 CEEMD-WOA-Elman 模型，利用 CEEMD 对非平稳 AQI 序列进行分解，将其转化为多个平稳的本征模态函数分量，然后利用 WOA 优化的 Elman 神经网络进行预测，可有效降低非平稳性的影响，实现对空气质量指数的准确预测。Wang 等[54]提出基于二重分解和最优组合集成学习方法的区间值空气质量指数(AQI)预测模型。Ji 等[55]等利用完备集合经验模态分解自适应噪声(Complete Ensemble Empirical Mode Decomposition with Adaptive Noise，CEEMDAN)和样本熵(SE)对 AQI 序列进行分解重构，根据高频和低频的特点，采用长短期记忆神经网络(LSTM)预测高频成分，正则化极限学习机(RELM)预测低频项，并使用改进的鲸鱼优化算法(WOA)对模型的超参数进行优化。

综上所述，传统预测方法的预测效率和精度可能较差。机器学习算法虽具有强大的非线性拟合与学习能力等优势，但易陷入局部最优解中收敛速度较慢的问题，故本节提出组合模型。针对 AQI 数据本身的非平稳性，目前现有研究大多使用了 EMD、CEEMD、CEEMDAN 对其进行分解，但是本节通过模型对比，引入 SSA 对 AQI 数据进行分解。SSA 是一种处理非线性时间序列数据的方法，基于特定矩阵的奇异值分解（SVD），分解出趋势、振荡分量和噪声，从而降低数据不平稳对预测效果的影响。BiLSTM 在 LSTM 的基础上添加了反向的运算，较 LSTM 更能捕捉时序特征先后的关系，对于时间序列预测有时可能需要由前面若干输入和后面若干输入共同决定，预测更加准确。故本节引入 BiLSTM 对分解后的空气质量指数进行预测。同时现有对 AQI 进行预测的研究大多在分解预测过后通过叠加的方式得到最终结果。本节参考 Stacking 的思想，引入 LightGBM 模型对数据进行集成。

本节以 2019—2020 年北京每小时的真实空气质量指数数据为研究对象，构造了 SSA-BiLSTM-LightGBM 模型，首先利用 SSA 将 AQI 数据分解为趋势、振荡分量和噪声等不同序列，引入 BiLSTM 对分解后的 AQI 数据进行预测，最后通过 LightGBM 对预测后的结果进行集成。实验结果表明，针对 AQI 数据集的预测模型 SSA-BiLSTM-LightGBM 在测试集的预测效果良好，其 MSE 达到 0.4757，MAE 达到 0.4718，SMAPE 达到 0.01271，R^2_{adjusted} 达到 0.9995。

3.1.2 研究方法

3.1.2.1 SSA

奇异谱分析（Singular Spectrum Analysis，SSA）[56] 是一种处理非线性时间序列数据的方法，SSA 基于构造在时间序列上特定矩阵的奇异值分解（SVD），从时间序列中分解出趋势、振荡分量和噪声。对于长度为 N 的时间序列 $X=(x_1, \cdots, x_n)$，$N>2$，且 X 为非零序列。整数 L $(1<L<N)$ 为窗口长度，且 $K=N_L+1$。SSA 算法的整个过程由分解和重构两个互补的阶段组成。其基本流程如下：

1. 嵌入

将原始时间序列映射成长度为 L 的向量序列，形成 $K=N-L+1$ 个长度为 L 的向量如式（3-1）所示：

$$X_i=(x_i, \cdots, x_{i+L-1})^{\mathrm{T}}, \quad 1 \leqslant i \leqslant K \tag{3-1}$$

这些向量组成轨迹矩阵如式（3-2）所示：

$$X=[X_1 : \cdots : X_K]=(x_{ij})_{i, j=1}^{L, K}=\begin{pmatrix} x_1 & \cdots & x_K \\ \vdots & & \vdots \\ x_L & \cdots & x_N \end{pmatrix} \tag{3-2}$$

2. 奇异值分解

对上述 XX^{T} 矩阵进行奇异值分解，可以得到 L 个特征值，依据降序排列可得 $\lambda_1 \geqslant \lambda_2 \geqslant \cdots \geqslant \lambda_L \geqslant 0$，$U_i$ 为特征向量，最大特征值对应的特征向量为序列的变化趋势，较小特征值对应的特征向量则为噪声，序列奇异谱为 $\sqrt{\lambda_1} \geqslant \sqrt{\lambda_2} \geqslant \cdots \geqslant \sqrt{\lambda_L} \geqslant 0$。设 $d = \min\{L, K\}$，$V_i = X^{\mathrm{T}}U_i / \sqrt{\lambda_i}$，初等矩阵 $X_i = \sqrt{\lambda_i}U_iV_i^{\mathrm{T}}$，则原序列分解如式(3-3)所示：

$$X = X_1 + X_2 + \cdots + X_d \tag{3-3}$$

3. 分组

将初等矩阵 X_i 的下标区间 $\{1, 2, \cdots, d\}$ 分成 q 个不相连接的子集 $I_1, I_2, \cdots, I_q$。其中 $I = \{i_1, i_2, \cdots, i_m\}$，那么合成矩阵 $x_I = x_{i1} + x_{i2} + \cdots + x_{im}$，而 $I_1, I_2, \cdots, I_q$ 后计算的每个合成矩阵，式(3-3) 分解如式(3-4) 所示：

$$x = x_{I1} + x_{I2} + \cdots + x_{Iq} \tag{3-4}$$

其中，$I_1, I_2, \cdots, I_q$ 的选取过程即为分组。

4. 重构

将式(3-4) 所得到的每一个矩阵 x_{Ij} 转换为长度为 N 的新序列，即分解后的序列。令 Y 为一个 $L \times K$ 的矩阵。即设 $Y = (y_{ij})L \times K$，$L^* = \min\{L, K\}$，$K^* = \max\{L, K\}$ 且 $N = K + L - 1$，若 $L < K$，$y_{ij}^* = y_{ij}$，否则，$y_{ij}^* = y_{ji}$。再通过对角平均公式将 Y 变为时间序列 $y_1, y_2, \cdots, y_N$，对角平均化公式如式(3-5) 所示：

$$y_k = \begin{cases} \dfrac{1}{k}\sum\limits_{m=1}^{k} y_{m,\ k-m+1}^*, & 1 \leqslant k < L^* \\ \dfrac{1}{L^*}\sum\limits_{m=1}^{L^*} y_{m,\ k-m+1}^*, & L^* \leqslant k < K^* \\ \dfrac{1}{N-k+1}\sum\limits_{m=k-K^*+1}^{N-K^*+1} y_{m,\ k-m+1}^*, & K^* < k \leqslant N \end{cases} \tag{3-5}$$

将二维矩阵转化为一维矩阵。

3.1.2.2　BiLSTM

BiLSTM[57]是由传统单向 LSTM 优化改进而成的。Hochreiter 等[58]等为有效解决传统循环神经网络(RNN)的梯度爆炸或消失问题建立了长短期记忆网络(LSTM)模型，通过引入门控机制实现信息选择性传递，即在传统 RNN 基础上引入遗忘门、输入门、输出门，使模型在进行反向传播时可以保持一个更稳定的误差，以及可以在多个时间步上继续学习，从而提高时间序列预测精度。其结构如图 3-1 所示。

LSTM 模型的总体框架是由 t 时刻的输入 x_t，细胞状态 C_t，临时细胞状态 C_t'，隐层

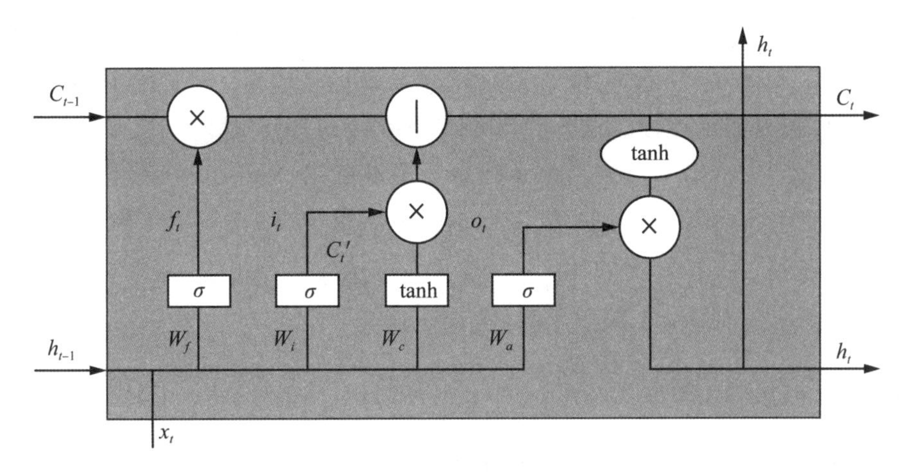

图 3-1 LSTM 模型结构图

状态 h_t，遗忘门 f_t，记忆门 i_t，输出门 o_t 组成。LSTM 的计算过程可以概括为，通过对细胞状态中信息遗忘和记忆新的信息使得对后续时刻计算有用的信息得以传递，而无用的信息被丢弃，并在每个时间步输出隐层状态 h_t。其中遗忘、记忆与输出通过上个时刻的隐层状态 h_{t-1} 和当前输入 x_t 计算出来的遗忘门 f_t，记忆门 i_t，输出门 o_t 来控制。BiLSTM 是由前向 LSTM 层与后向 LSTM 层结合而成，两者共同影响输出，既有利于前向序列信息输入，又有利于后向序列信息输入，充分考虑过去和未来信息，有利于进一步提高模型预测的精度。BiLSTM 结构如图 3-2 所示。

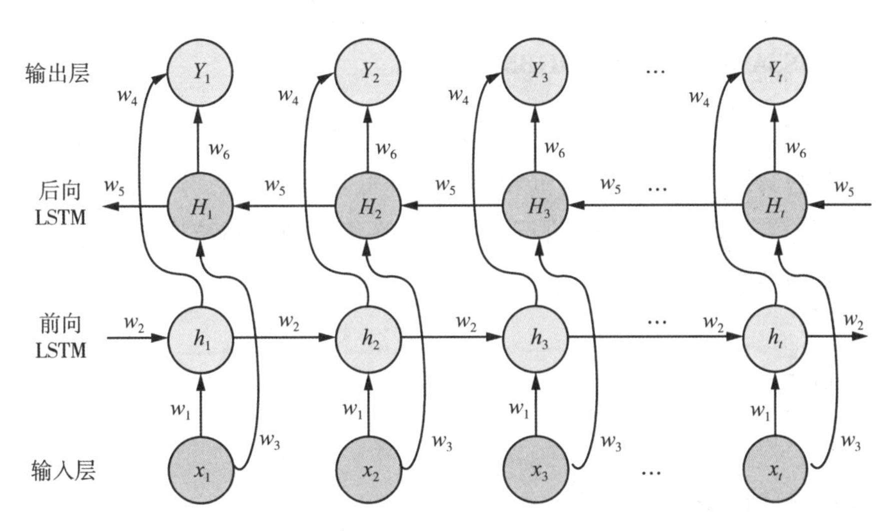

图 3-2 BiLSTM 模型结构图

图 3-2 中，$x_i(i=1, 2, \cdots, t)$ 表示相应时刻的输入数据，$h_i(i=1, 2, \cdots, t)$ 表示

相应时刻向前迭代的LSTM隐藏状态，$H_i(i=1, 2, \cdots, t)$表示向后迭代的LSTM隐藏状态。$Y_i(i=1, 2, \cdots, t)$表示相应的输出数据，$w_i(i=1, 2, \cdots, 6)$代表各层相应的权重。BiLSTM最终输出过程的计算公式如式(3-6)~式(3-8)所示。

$$h_i = f_1(w_1 x_i + w_2 h_{i-1}) \tag{3-6}$$

$$H_i = f_2(w_3 x_i + w_5 H_{i+1}) \tag{3-7}$$

$$Y_i = f_3(w_4 h_i + w_6 H_i) \tag{3-8}$$

式中，f_1、f_2和f_3分别对应不同层之间的激活函数。

3.1.2.3　LightGBM

LightGBM[59]是一种基于Boosting的集成学习算法，相较于其他Boosting算法能在预测精度不减的情况下，训练时间和所占据内存大大减少。

LightGBM主要使用梯度单边采样(GOSS)和互斥特征捆绑(EFB)两种方法提升训练速度，GOSS从样本中选取具有较大梯度的数据，从而提升对计算信息增益的贡献。EFB将数据的某些特征进行合并，从而降低数据维度。同时LightGBM主要使用直方图算法和带深度限制的叶子生长策略两种方法来减少内存消耗。直方图算法通过把连续的浮点型特征离散成L个整数后构造宽度为L的直方图。遍历数据时，根据离散化后的值作为索引在直方图中累积统计量，再从直方图的离散值中，寻找最优的分裂点。带深度限制的叶子生长策略是指每次从当前所有叶子中寻找分裂增益最大的进行分裂，并设置一个最大深度限制，在保证高效的同时防止模型过拟合。

3.1.2.4　SSA-BiLSTM-LightGBM

SSA-BiLSTM-LightGBM主要是通过奇异谱分析(SSA)基于奇异值分解(SVD)从一个时间序列中分解出趋势、振荡分量和噪声，降低数据不平稳对预测效果的影响，使用BiLSTM对空气质量指数(AQI)进行预测，最终将模型预测结果通过LightGBM模型集成整合。模型结构如图3-3所示。

3.1.3　实证分析

3.1.3.1　数据来源

本节所用的实验数据来源于监测所得到的中国北京AQI数据集(https://www.aqistudy.cn/)，该数据集包括了2019—2020年北京每小时的真实空气质量指数，共包含17544个样本点。本节的试验任务为根据前t h的所有信息，预测第$(t+1)$ h时

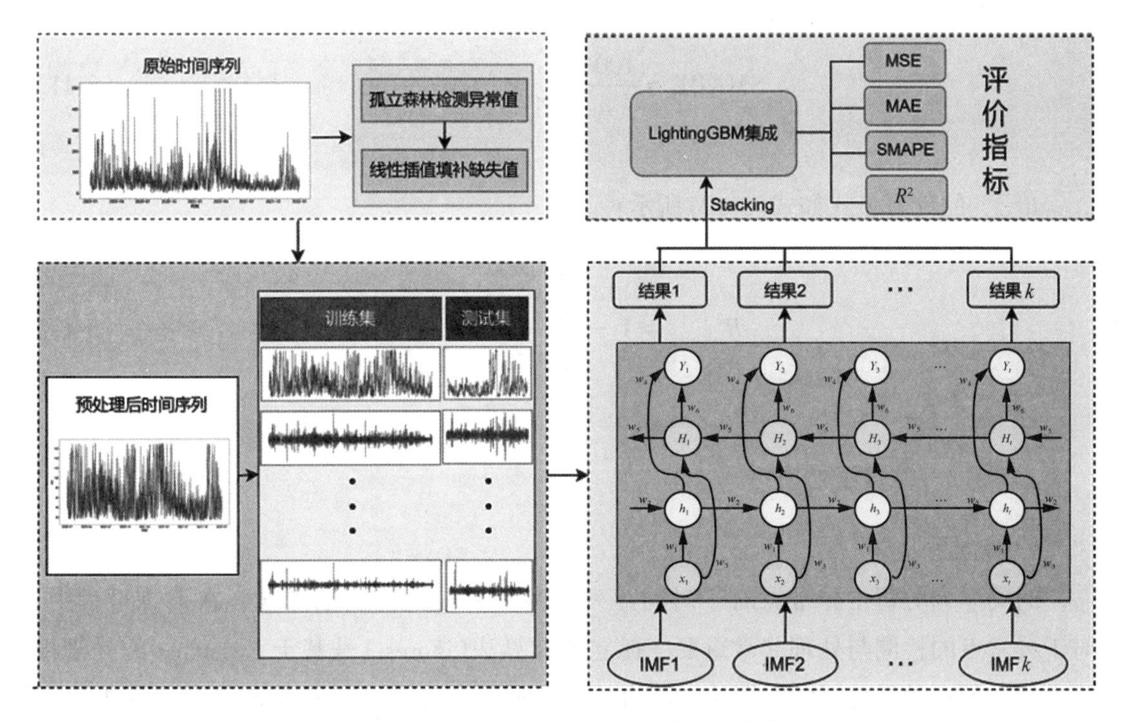

图 3-3　SSA-BiLSTM-LightGBM 模型结构图

刻的 AQI 数据值，将该时间序列的前 80%数据，用于训练预测模型，其余 20%的数据将用于验证和测试预测模型的性能。本节所选取的训练集为 2020 年 1 月 1 日 0 时到 2021 年 8 月 7 日 19 时的北京实时 AQI 数据，测试集为 2021 年 8 月 7 日 20 时到 2021 年 12 月 31 日 23 时北京实时 AQI 数据。

3.1.3.2　评价指标

为了从多个层面来比较不同模型的分类性能，本节引用了均方误差(MSE)、平均绝对误差(MAE)、对称平均绝对百分比误差(Symmetric Mean Absolute Percentage Error, SMAPE)和调整的拟合优度 R^2 这四个广泛应用的评价指标对本节模型的预测性能进行比较与综合评价。如果一个模型的 MSE、MAE、SMAPE 的值越小，R^2_{adjusted} 越大，则说明该模型的预测效果越好。

MSE 的计算公式如式(3-9)所示：

$$\text{MSE} = \frac{1}{n}\sum_{i=1}^{n}(\hat{y}_i - y_i)^2 \tag{3-9}$$

MAE 的计算公式如式(3-10)所示：

$$\text{MAE} = \frac{1}{n}\sum_{i=1}^{n}|\hat{y}_i - y_i| \tag{3-10}$$

SMAPE 的计算公式如式(3-11)所示：

$$\mathrm{SMAPE} = \frac{100\%}{n} \sum_{i=1}^{n} \frac{|\hat{y}_i - y_i|}{\frac{|\hat{y}_i| + |y_i|}{2}} \tag{3-11}$$

R^2_{adjusted}的计算公式如式(3-12)所示：

$$R^2_{\mathrm{adjusted}} = 1 - \frac{\sum_{i=1}^{n} \frac{(y_i - \hat{y}_i)^2}{n - k - 1}}{\sum_{i=1}^{n} \frac{(y_i - \bar{y})^2}{n - 1}} \tag{3-12}$$

3.1.3.3　数据预处理

1. 异常值检测

时间序列分析中异常点对于时间序列预测具有较大的负面影响，在训练过程中，对于异常点的检测与处理非常重要。孤立森林算法(iForest)是基于 Ensemble 的异常检测方法，是一种无监督学习算法，具有线性的时间复杂度，精准度较高并且在处理大数据时速度快。相较于其他常用于异常挖掘的算法，比如统计方法，基于分类的方法和基于聚类的方法等，这些传统算法通常是对正常的数据构建一个模型，然后将不符合这个模型的数据认定为异常值。而 iForest 可以显示地找出异常数据，不用对正常的数据构建模型，从而减小内存并增加运算速度。故本节选择孤立森林算法进行异常值检测。检测结果如图 3-4 所示。

2. 异常值处理

在异常值处理部分，本节通过将已识别的异常值进行删除，并将其当作缺失值而使用线性插值对其进行填补。相较于其他插值方法，前向填充插补法并没有考虑实际空气质量数据是随时间变化而变化的。而其他多项式插值、样条插值等在实际应用中发现会产生较多异常值。故本节选择线性插值作为填补方法。

3. 数据归一化

数据进行归一化处理后可以提升损失函数收敛速度、防止梯度爆炸并且提高计算精度。本节在进行数据预测前采用 min-max 标准化将数据归一化到[0, 1]，再使用归一化后的数据输入预测模型得到归一化的预测结果后，对其进行反归一化，得到实际预测结果。

3.1.3.4　单一模型预测

为了比较不同模型在空气质量指数方面的预测性能，本节选取了 BiLSTM、GRU、

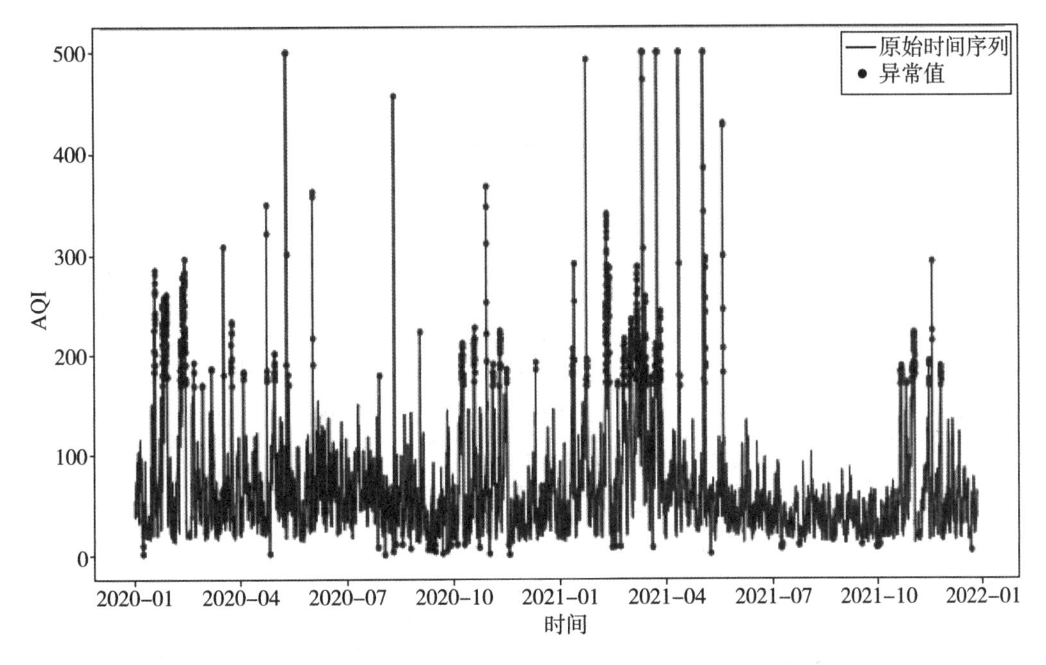

图 3-4 异常值检测图

TCN、BP、ESN、RBF 六种不同的传统神经网络预测方法进行实验。各个模型在测试集(2021 年 8 月 7 日 20 时到 2021 年 12 月 31 日 23 时北京实时 AQI 数据)上的实验结果如图 3-5 所示。

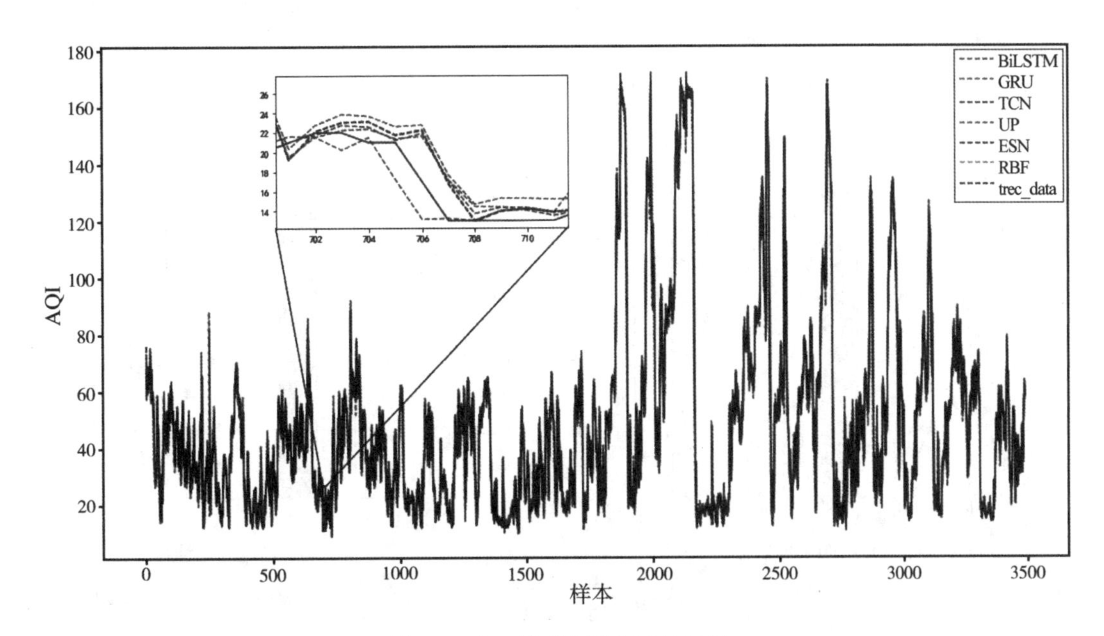

图 3-5 单一模型预测实验结果图

六种预测模型的评价结果如表 3-1 和图 3-6 所示。

表 3-1　单一预测模型指标评价结果

模型名称	MSE	MAE	SMAPE	R^2_{adjusted}
BiLSTM	**20.2616**	**2.8464**	**7.4806%**	**0.9812**
GRU	23.2365	3.0204	7.6671%	0.9785
TCN	20.4265	2.8626	7.5057%	0.9810
BP	21.8896	3.0780	8.3241%	0.9797
ESN	22.8038	2.9814	7.7000%	0.9788
RBF	22.7493	2.9778	7.6751%	0.9789

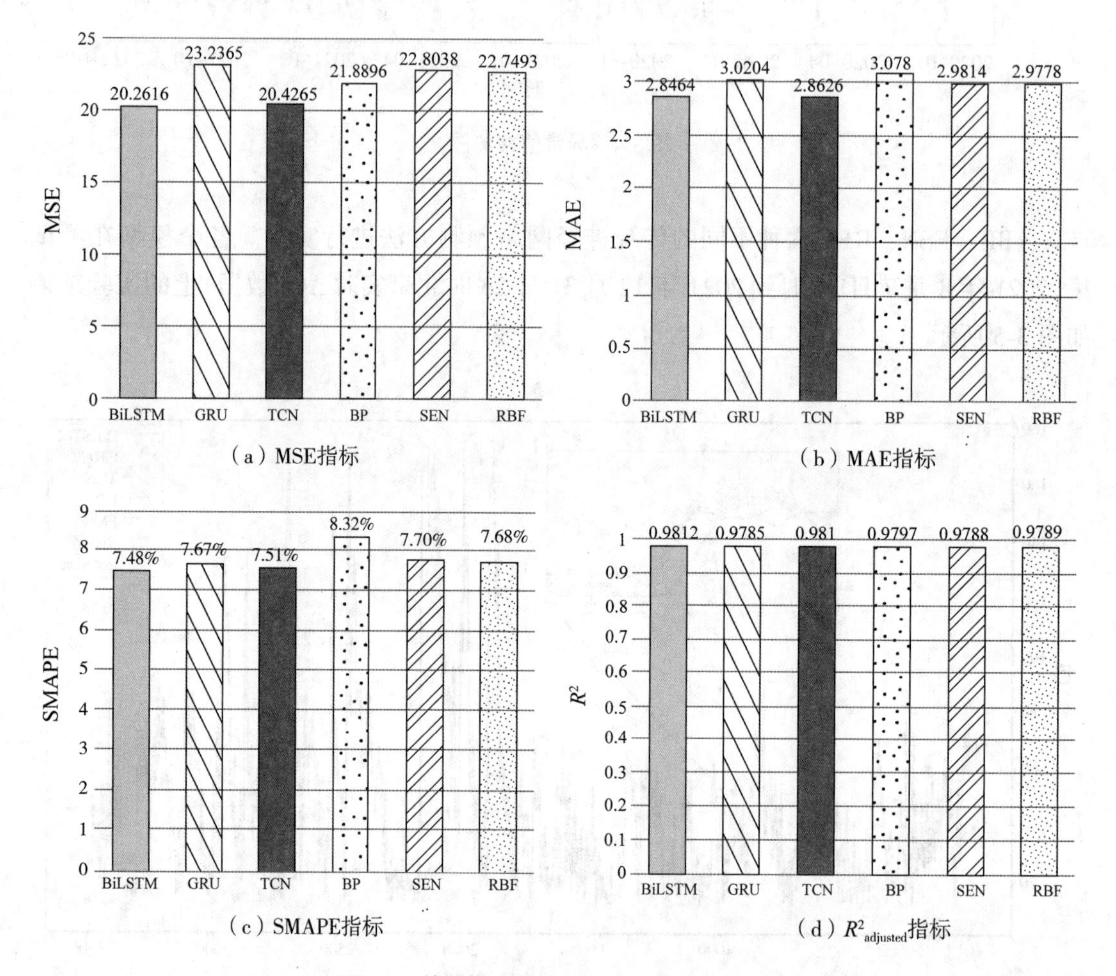

图 3-6　单一模型预测评价指标对比柱形图

经过分析发现 BiLSTM 和 TCN 的各个模型评价指标与其他模型的指标评价相比，结果最优，表明 BiLSTM 和 TCN 这两种深度神经网络模型在空气质量指数时间序列数据的预测方面具有出色的性能。可能原因如下：

(1)面对时间序列敏感的问题任务，RNN 型(如 LSTM)相较于 BP、RBF 可能会更合适；同时 LSTM 比 RNN 多出了几个门，比 GRU 也多出了一个门，可用来控制信息的流动，从而提升预测效果；而 ESN 在六种模型中最终呈现出最差的预测效果，可能是因为 ESN 并不适用于对该数据集进行时间序列预测建模。

(2)BiLSTM 在 LSTM 的基础上添加了反向的运算，较 LSTM 更能捕捉时序特征先后的关系，不仅考虑到前面的信息，也将后面的信息纳入考虑范围。而对于时间序列预测，有时需要前面若干输入和后面若干输入共同决定，使得预测更加准确。

(3)首先，TCN 可以进行并行处理，而 LSTM 只能进行顺序处理；其次，TCN 拥有灵活的感受野，受层数、卷积核大小、扩张系数等决定，可以根据不同的任务、不同的特性灵活定制。TCN 并不会像 LSTM 经常存在梯度消失和梯度爆炸的问题，有研究结果表明引入空洞卷积和残差连接等架构元素后的 TCN 在不同的时间序列建模任务中，比 LSTM 等递归架构更有效。

根据上述分析可知，BiLSTM 和 TCN 相较于 LSTM 从不同方面都有所改进，并且由已有实验结果可知，空气质量指数大多具有非平稳性，因此本节结合 BiLSTM 和 TCN，引用分解算法和集成算法对该数据集做进一步预测。

3.1.3.5 混合模型预测

1. SSA 奇异谱分析

关于 SSA 分解个数的设置，本节选择将原始序列分解为三个不同序列，然后使用 BiLSTM 分别对其进行预测，根据其在训练集中的预测效果对 SSA 分解个数进行限制。SSA 分解形成不同个数的序列在训练集中的 MSE 如图 3-7 所示。

由图 3-7 可得，原始序列被分解为多个 IMF 分量后，其在训练集中的表现随着分解个数的增加而增加。但在分解个数为 3 时存在明显的拐点，随后变化较平稳。考虑到过拟合的风险，故本节选择 3 作为 SSA 的分解个数并进行接下来的实验。其分解序列如图 3-8 所示。

2. 组合模型对比分析

为了验证本节提出的 SSA-BiLSTM-LightGBM 模型在该数据集上优越的预测性能，本节共选用 3 种分解模型、2 种预测模型、2 种集成回归模型进行不同策略的组合，集成组合模型后与本节提出的模型进行对比分析，各模型评价指标见表 3-2。

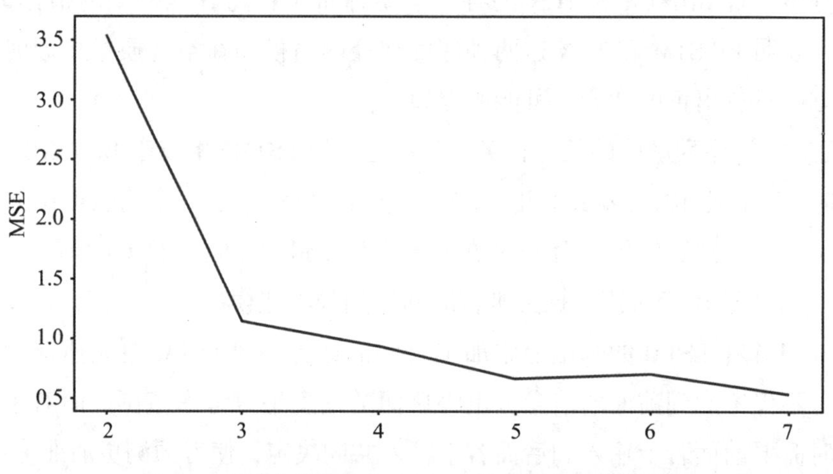

图 3-7　不同分解个数在 BiLSTM 训练集中的指标评价

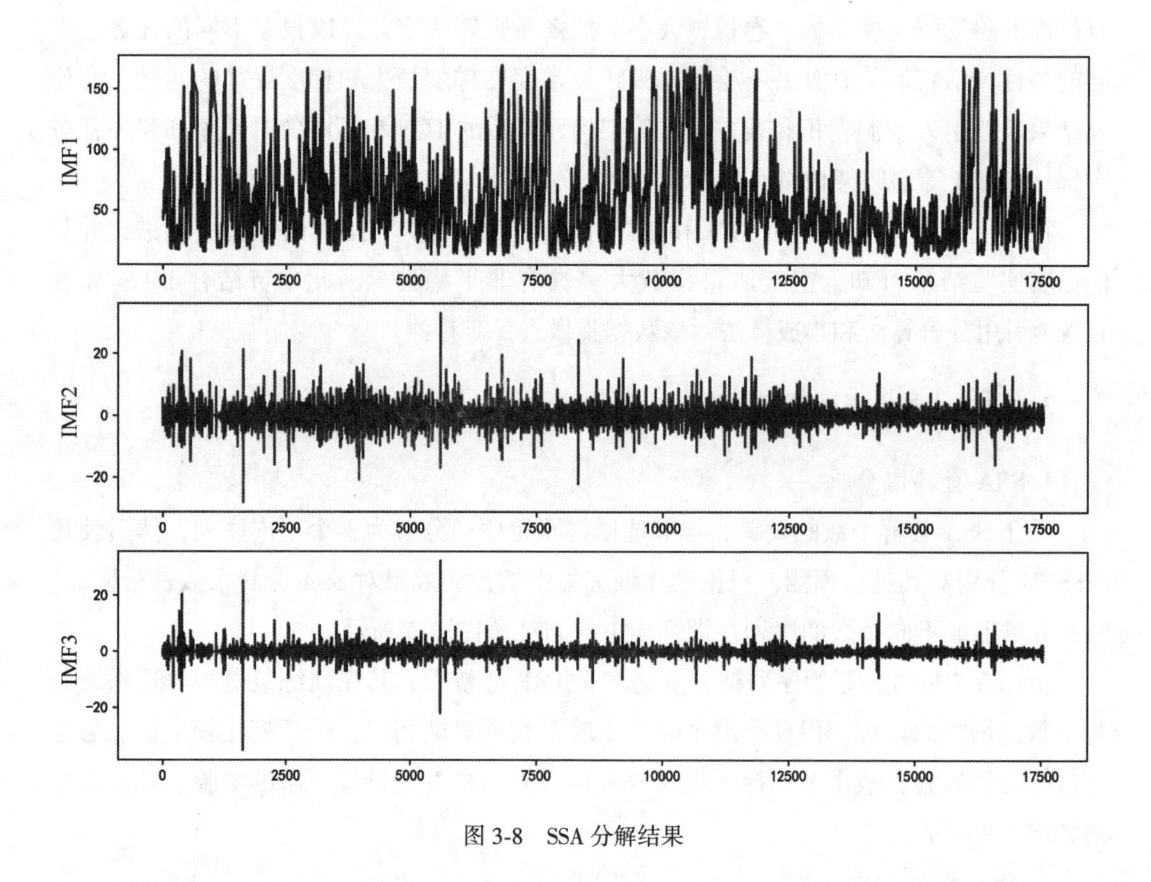

图 3-8　SSA 分解结果

由表 3-2 可以得出：SSA-BiLSTM-LightGBM 与其他对比模型相比，预测效果最优，其预测结果如图 3-9 所示。

表 3-2 组合模型预测结果

模型名称	MSE	MAE	SMAPE	$R^2_{adjusted}$
SSA-BiLSTM	0.9632	0.7312	1.7491%	0.9990
CEEMDAN-BiLSTM	16.8206	3.0204	7.5828%	0.9843
EMD-BiLSTM	19.5274	3.0033	7.9112%	0.9818
CEEMDAN-TCN	30.8041	4.4608	11.1205%	0.9712
EMD-TCN	28.8932	4.0268	10.4293%	0.9730
SSA-TCN	1.7268	0.9134	2.6371%	0.9982
SSA-BiLSTM-XGBoost	0.5544	0.4732	1.2958%	0.9993
SSA-BiLSTM-LightGBM	**0.4757**	**0.4718**	**1.2712%**	**0.9995**
SSA-BiLSTM-AdaBoost	0.7757	0.4303	1.1453%	0.9991
SSA-TCN-AdaBoost	1.4487	0.7038	1.9766%	0.9985
SSA-TCN-XGBoost	1.0522	0.6855	1.9427%	0.9989
SSA-TCN-LightGBM	0.9709	0.6789	1.9018%	0.9990

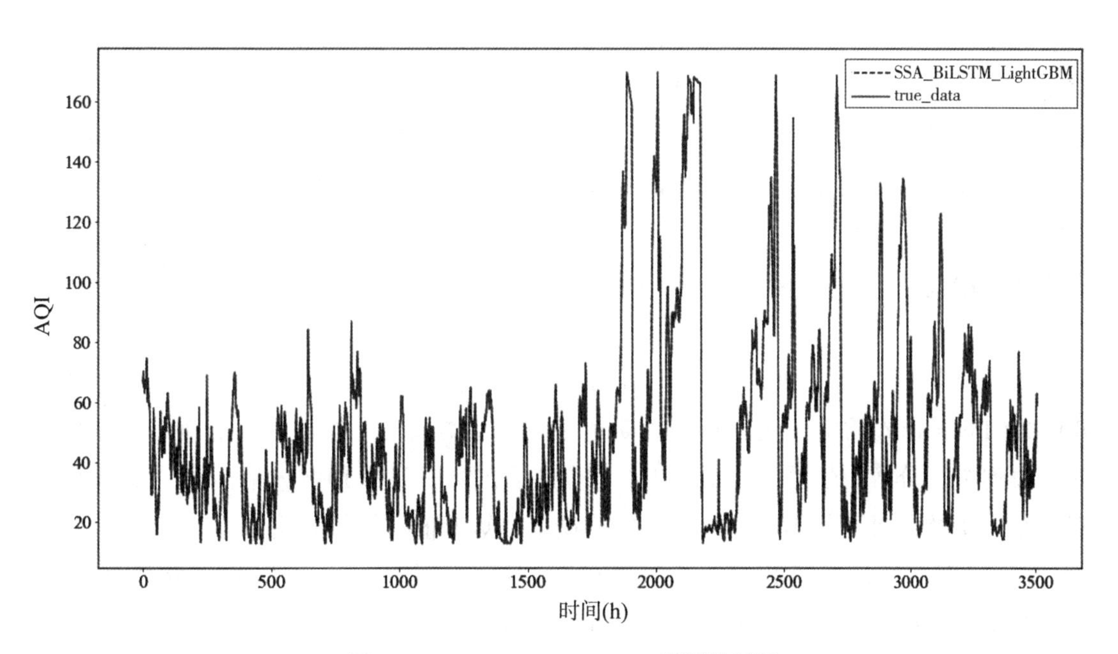

图 3-9 SSA-BiLSTM-LightGBM 预测结果图

本节根据对比模型从两个方面体现出 SSA-BiLSTM-LightGBM 模型的优越性。依据表 3-2 中的结果进行如下分析并得出相应结论：

(1)对比包含 SSA 的组合模型与其他模型，分析后发现包含 SSA 分解模型的预测性能最佳。这说明了对于该数据集，SSA 相较于 EMD 和 CEEMDAN 在预测前的分解序列方面更加适用。这或许得益于 SSA 是无模型的，其在应用时对时间序列既不要求平稳，又不假设参数模型，故而可广泛应用于各种时间序列。

(2)将包含 LightGBM 与其他模型进行比较分析后发现，SSA-BiLSTM-LightGBM 模型的预测性能最佳。相较于 AdaBoost 和 XGBoost 等模型，LightGBM 在进行集成结果过程中具有一定的优越性。可能的原因是 LightGBM 采用 Leaf-wise 生长策略，每次从当前所有叶子中找到分裂增益最大的叶子分裂。因此可以降低更多的误差，得到更高的精度。同时在 Leaf-wise 之上增加了一个最大深度的限制，在保证高效率的同时防止过拟合。

(3)将所有包含 BiLSTM 的组合模型与所有包含 TCN 的组合模型进行比较，发现虽然两者在预测效果上相差不大，但是对于每一种策略包含 BiLSTM 的组合模型都略优于包含 TCN 的组合模型。这说明对于 AQI 类数据集，BiLSTM 相较于 TCN 更适用于预测。这是由于 TCN 虽然可以通过膨胀来查看历史信息和未来信息，但是对此数据集，BiLSTM 可能对未来和过去信息利用得更加充分与适当。

(4)将 SSA-BiLSTM-LightGBM 模型与预测性能排名第二位的 SSA-BiLSTM-XGBoost 进行比较，可以发现 SSA-BiLSTM-LightGBM 模型较 SSA-BiLSTM-XGBoost 模型的 MSE 降低了 14.19%，MAE 降低了 0.29%，SMAPE 降低了 1.90%；SSA-BiLSTM-LightGBM 模型相较于其他对比模型，在模型评价指标方面有明显的提升，说明相较于其他对比模型，该模型预测精度较高，预测性能较好，预测效果有显著提升。

3.1.4 小结

本节选取了 2019—2020 年北京每小时的真实空气质量指数，建立了基于 SSA-BiLSTM-LightGBM 的空气质量指数短期预测模型。本节首先通过 SSA 分解模型对原始时间序列进行分解，然后通过 BiLSTM 对分解后的数据进行预测，最后通过 LightGBM 对两个模型的结果进行集成并输出空气质量指数短期值。结果表明：

(1)针对空气质量指数这一不平稳的时间序列数据，SSA 可以将其分解为趋势、振荡分量和噪声序列数据，再对其进行预测，有利于提高预测精度。

(2)相较于其他神经网络预测模型，BiLSTM 更适用于时间序列敏感度任务并且其添加了反向的运算，更能捕捉时序特征先后的关系使预测更加精确。

(3)LightGBM 在集成 BiLSTM 和 TCN 的结果的过程中采用 Leaf-wise 生长策略，每次从当前所有叶子中找到分裂增益最大的叶子分裂，可以降低更多的误差，得到更高的精度。增加最大深度的限制，在保证高效率的同时防止过拟合。故而在该数据集中集成多个模型结果，提高预测效果的能力。

(4)本节模型的 MSE 达到 0.4757，MAE 达到 0.4718，SMAPE 达到 1.2712%，R^2_{adjusted}达到 0.9995，相较于其他对比模型，预测更精确，效果更好，且提升较明显。

本节所提出的模型对空气质量指数预测有一定的应用前景，但是模型仍存在以下问题：

(1)模型只考虑了逐小时预测，未来可以在有效控制训练开销的条件下，加深网络深度，探究本节模型对未来 6h、12h 的预测精度，提升模型的适用度。

(2)空气质量指数还存在许多外界影响因素，例如各个气象指标等，但是本节对此未给予考虑，未来可以将各个影响因素引入该模型中，进一步提升模型精度。

3.2 基于 Transformer-BiLSTM 模型的空气质量指数预测

3.2.1 概述

近年来，全球空气质量问题日渐严峻。据世界气象组织报道，如果温室气体排放居高不下，到 21 世纪下半叶，在污染严重的地区，尤其是亚洲，地面臭氧水平预计将会上升，其中包括巴基斯坦、印度北部和孟加拉国地区已增长了 20%。例如，2022 年 11 月 3 日，印度新德里的空气污染达到年入冬以来的最高值，严重影响了印度的经济活动。然而，多数国家现有监测系统的实时监测具有一定的滞后性，无法提前预测空气污染状况，无法向政府提供可靠的预警信息。因此，及时、准确地预测空气质量指数(AQI)成为了一个亟待解决的问题。随着人工智能和机器学习技术的飞速发展，基于深度学习的空气质量预测模型展现出巨大的潜力和优势。本节旨在探索深度学习模型在空气质量指数预测中的应用，这不仅能够帮助政府制定更加精准的环境保护政策，而且能为公众提供及时的环境质量预警。

3.2.2 研究现状

常用的预测空气质量方法可分为两大类：统计计量方法和机器学习算法。统计方法通过应用基于数理统计的回归模型进行预测，如自回归综合移动平均(ARIMA)模型和条件异方差(GARCH)模型等。Polydoras 等[60]比较了偏微分方程和单变量 Box-Jenkins 模型对空气质量的预测效果。Alsoltany 等[61]认为残差有时是由于模型结构的不确定性或不精确等原因产生的，因此应用模糊线性回归参数估计方法对城市污染物浓度进行预测。然而这些方法都只能在线性回归领域描述时间序列的走势状态，并且严重依赖数据的正态分布假设，难以对现实生活中的真实数据进行更加精确的拟合。近年来，在计量领域有学者提出使用广义帕累托分布(DCP)模型[62]来拟合空气污染物浓度的时间依赖性，并对数据的尾部相关性进行了较好的拟合。

随着大数据技术的发展，由于基于非参数统计学的机器学习和深度学习方法可以拟合复杂的多项交互关系或者非线性关系，越来越多的学者将这些算法应用于预测任务。Neagu 等[63]将模糊推理和神经网络结合，用于空气质量数据的预测任务。Corani[64]分别使用前馈神经网络(FFNNs)、概率神经网络(PNN)和惰性学习(LL)方法对米兰的臭氧浓度进行预测，发现 LL 作为一种局部线性预测算法，能摆脱过拟合问题，更新较快，并且可解释性较强。Kim 等[65]开发了基于递归神经网络(RNN)的数据驱动预测地铁站室内空气质量，并利用 PLS 投影中的变量重要性进行特征筛选，实验结果表明 RNN 模型的预测结果具有很好的性能和高可解释性。Mellit 等[66]提出应用最小二乘支持向量机(LS-SVM)在气象时间序列短期预测中的应用，并验证了 LS-SVM 产生的结果明显优于 ANN。Singh 等[67]构建了偏最小二乘回归(PLSR)、多元多项式回归(MPR)和人工神经网络(ANN)方法模型，预测 SO 等大气中空气污染物含量，最终发现非线性模型的性能相对优于线性模型。Li 等[68]致力于研究构建深层网络，并考虑了时空相关性，提出了一种基于时空深度学习(STDL)和堆叠自动编码器(SAE)模型的空气质量预测方法，结果证明该模型能同时预测多个站点的空气质量。Yi 等[69]提出了一种基于深度神经网络(DNN)的方法 Deepair，该方法由空间变换组件和深度分布式融合网络组成，采用中国城市的数据进行实验，结果表明，Deepair 超过了 10 种经典预测方法。

然而，尽管非线性机器学习方法在预测空气质量方面取得了较强的泛化性能，然而这些方法难以捕捉序列之间的长期滞后影响，因而预测精度变得有限。为了充分利用更多时间序列中的历史数据，近年来很多学者开始对长短期记忆神经网络(LSTM)进行结构分析与改进。Wen 等[70]提出了一种用于预测空气质量浓度的时空卷积长短期记忆神经网络扩展(C-LSTME)模型，将各站点的历史空气污染物浓度以及自适应 K-最近相邻站点的历史空气污染物浓度纳入模型，以提高模型预测性能。Ma 等[71]致力于解决空气质量预测任务中数据短缺的问题，提出了一种基于迁移学习的堆叠双向长短期记忆(TLS-BLSTM)网络，用于预测缺乏数据的新站的空气质量。Li 等[72]应用一种基于一维卷积神经网络(CNN)、长短期记忆(LSTM)网络和注意力机制的模型，用于城市 $PM_{2.5}$浓度预测，并且输入数据也添加了气象数据和邻近空气质量监测站的数据，同时利用注意力机制捕捉过去不同时间特征状态对未来 $PM_{2.5}$浓度影响的重要性程度，以提高预测准确性。Zhang 等[73]提出了一种基于经验模态分解(EMD)和双向长短期记忆(BiLSTM)神经网络的半监督模型来预测 $PM_{2.5}$浓度，用以改进短期趋势预测，特别是对于突发情况的识别。

以上方法中，无论是基于传统的神经网络模型还是统计计量模型，很多模型的参数设定较精细，训练周期较长，并且模型层次复杂，难以验证模型的泛化性能。同时，尽管先进的深度学习方法可以在空气质量预测中获得良好的结果，但这些方法的实施需要足够的历史数据集，数据量对模型性能的限制较大。还有一些研究方法未能有效提取空气污染物浓度数据的时空特征，忽视了过去不同时间特征状态对未来空气质量的影响，大多不能同时有效模拟空气质量指数的时空依赖性，在长期预测和突发情况等方面表现出低精度。

本节提出一种基于 Transformer 和双向长短期记忆神经网络(BiLSTM)的空气质量指数预测方法，该方法擅长处理非线性时序数据的超短期预测，并且在印度 Patna 市(2015 年 10 月 3 日 6 时至 2020 年 7 月 1 日 0 时)空气质量数据集上的应用显示出较强的泛化能力。Transformer 架构中的逐点点积自注意力机制对局部的前后信息不敏感，而 BiLSTM 则擅长捕捉双向的时间序列信息依赖，因此将两种方法相结合的 Transformer-BiLSTM 模型可以很好兼顾全局和局部的序列信息。本节以 2h 为时间窗口预测了 Patna 市 250 天的空气质量指数，RMSE、MAE 和 SMAPE 分别低至 7.5647、3.3338、2.70%。对比最佳实验结果，Transformer-BiLSTM 模型较性能排名第二位的 Transformer-LSTM 模型，RMSE 和 MAE 分别降低了 3.85%和 20.18%。本节提出的模型利用 Thiruvananthapuram、Bengaluru 等多个城市的空气质量数据集进行了推广性验证，结果证明本节提出的混合模型在空气质量实时预测中具有较高的性能和广阔的应用前景。

3.2.3 研究方法

1. 训练流程

空气质量指数(AQI)是将各种不同污染物含量折算成的一个定量描述空气质量水平的综合指数，实际生活中测算出来的 AQI 通常包含复杂的噪声并且具有典型的非线性特征，为了能够利用到更多的原始数据的信息，本节以 Transformer 为基础结构，使用 BiLSTM 作为解码器，用于 2h 时间粒度的短期 AQI 预测。Transformer 架构中的逐点点积自注意力机制对局部的前后信息不敏感，这易使模型在时间序列中出现异常，而 BiLSTM 则擅长捕捉双向的时间序列信息依赖，因而将两种方法结合的 Transformer-BiLSTM 模型可以很好地兼顾全局和局部的序列信息。

在 Encoder+Decoder 结构中，编码器主要发挥提取原始输入数据特征的作用，解码器则对提取的信息进行译码处理以实现分类或回归预测的任务。传统的 Seq2Seq 模型以顺序的方式在每个迭代步骤中向编码器输入一个数据，以便在解码器中每次生成一个预测值的输出，但是难以提高计算效率。本节使用 Transformer 解码器的自注意力机制则可以使模型进行并行计算以充分利用 GPU 资源。但是大量实验证明，当 Transformer 用于时序数据预测时，解码器部分的自注意力机制会逐层积累误差，容易产生混沌现象，在很多情况下预测效果甚至不如将解码器部分仅用全连接层代替。因此，本节创新地应用 BiLSTM 网络对解码器部分进行改进，以提高预测精度。

在本节的模型中，输入的数据首先进行位置编码处理，通过基于残差网络结构的多头自注意力机制和前馈神经网络，输出包含数据特征信息的向量到解码器，BiLSTM 学习序列前后的关系后输出预测序列，最后使用一个全连接层解释输出序列中的每个时间步并输出预测概率。从理论上分析，Transformer 和 BiLSTM 的混合模型能够较好地建立长期依赖关系，本节通过实验数据量化模型性能，以证明模型在短期预测中也能取得一定的改进效果。

本节使用的模型流程如图 3-10 所示。

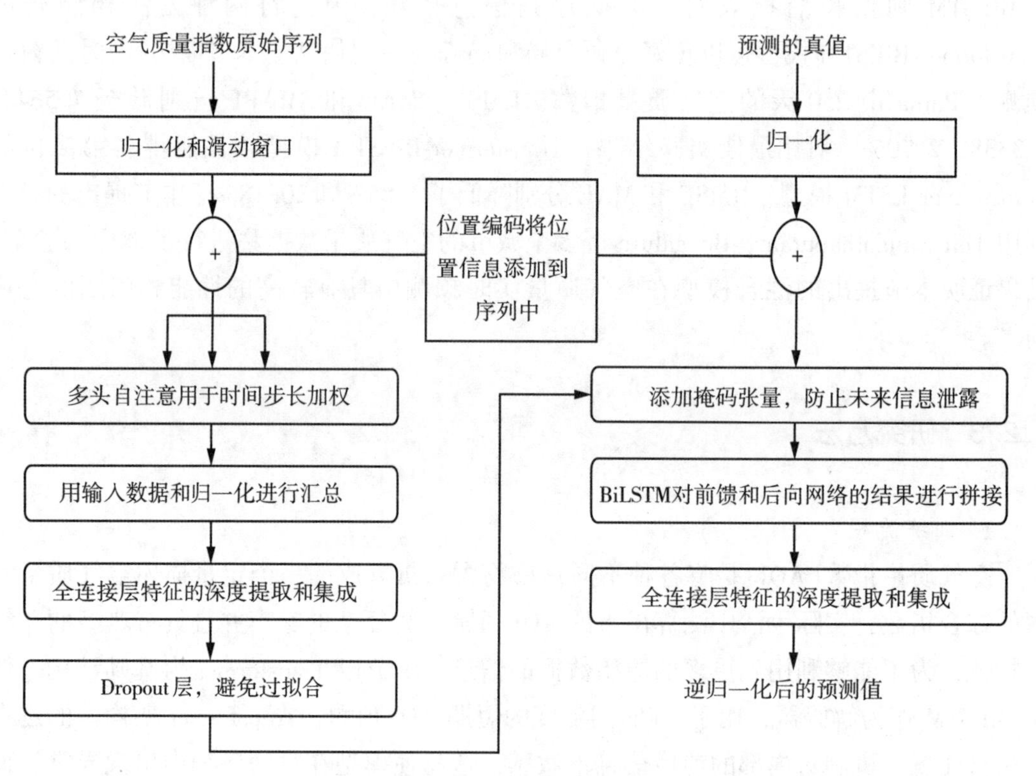

图 3-10　Transformer-BiLSTM 混合模型流程图

2. 位置编码

Transformer 模型抛弃了传统的 RNN 和 CNN 序列学习模型，为了使时间序列数据的顺序信息不丢失，本节使用位置编码(以下简称 PE)将数据的位置信息逐个相加到模型的输入向量中，以便自注意力机制能够知道每个数据在整体序列中的绝对位置和相对位置信息。PE 对序列中处于第偶数位置的数据进行正弦函数变换，对处于第奇数位置的数据进行余弦函数变换，这样可以使变量数值都缩放到[0，1]，从而避免数据数量级的干扰，并且先对顺序值进行 $10000^{2i/d_{\text{model}}}$ 倍的缩小可以有效避免数据位置不同但 PE 值相同的情况，见式(3-13)~式(3-14)[74]。

$$PE_{(pos,\ 2i)} = \sin(pos/10000^{2i/d_{\text{model}}}) \tag{3-13}$$

$$PE_{(pos,\ 2i+1)} = \cos(pos/10000^{2i/d_{\text{model}}}) \tag{3-14}$$

3. 多头自注意力机制

相较于循环神经网络结构，自注意力机制能够对输入数据进行并行计算，其时间和空间的复杂度更低，并且由于各数据之间的关联性能够以可视化形式呈现，它也能增强整个模型的可解释性。自注意力机制发挥的作用主要是让模型注意到整个输入中不同数据之间的相关性，从而发现并解决时间序列数据滞后互相关的问题。

假设 Q_0 代表某一个数据的信息，K_0 是输入数据中剩余数据的信息，Q_0 和 K_0 经过点乘后再使用 softmax 做归一化处理，可以得到两两向量之间的关联性信息，构成一个权重矩阵，若再将其与原始数据进行矩阵相乘，则可以得到一个经加权求和的输出。为增强模型的拟合能力，使用三个可训练的参数矩阵，Q、K、V 是输入矩阵 X 与不同的参数矩阵进行线性变换得到的，见式(3-15)。

$$\text{Attention}(Q,\ K,\ V) = \text{softmax}\left(\frac{QK^{\mathrm{T}}}{\sqrt{d_k}}\right)V \tag{3-15}$$

多头自注意力机制，相对于单一的自注意力机制而言，发扬了集成学习的长处。输入的 Q，K，V 三个矩阵通过线性转换以后能使每个注意力机制函数只负责最终输出序列中一个子空间，并且结果是互相独立，这样做可以充分利用数据原本的信息，同时也有效降低过拟合的风险。

4. 残差网络结构

深度学习对于网络深度遇到的主要问题是梯度消失和梯度爆炸，在训练的过程中，每一层都是从前一层提取特征，因而网络随着层数的增加会出现退化的问题。残差网络则采取跳跃连接的方法避免了深层神经网络带来的这些问题。通常，一个残差块由直接映射部分和残差部分组成，它使得输入和输出之间能建立起一个直接连接使新增的层仅仅需要在原来输入层的基础上学习新的特征，即学习残差，从而避免了训练集误差随网络加深而增加的现象，见式(3-16)。

$$x_{l+1} = x_l + F(x_l,\ W_l) \tag{3-16}$$

5. BiLSTM 网络

为了解决普通循环神经网络在输入序列过长时造成的梯度消失问题，双向长短期记忆网络(BiLSTM)由 2 个相反方向的 LSTM 模型共同决定，利用双向结果加强对信息的获取，遗忘部分非重要信息，保留关键信息。LSTM 网络是由 t 时刻的输入数据 X_t，细胞状态 C_t，临时细胞状态 $\widetilde{C}_t$，隐层状态 h_t，遗忘门 f_t，记忆门 i_t，输出门 o_t 组成，通过动态地记忆和遗忘信息，使得网络传递有效的信息，丢弃无效的信息，解决 RNN 无法建立序列之间长期关联的问题[58]。其中，遗忘、记忆和输出由上个时刻的隐层状态 h_{t-1} 和当前输入的信息 X_t 计算出来的遗忘门、记忆门和输出门控制。BiLSTM 的具体计算流程如图 3-11 所示。

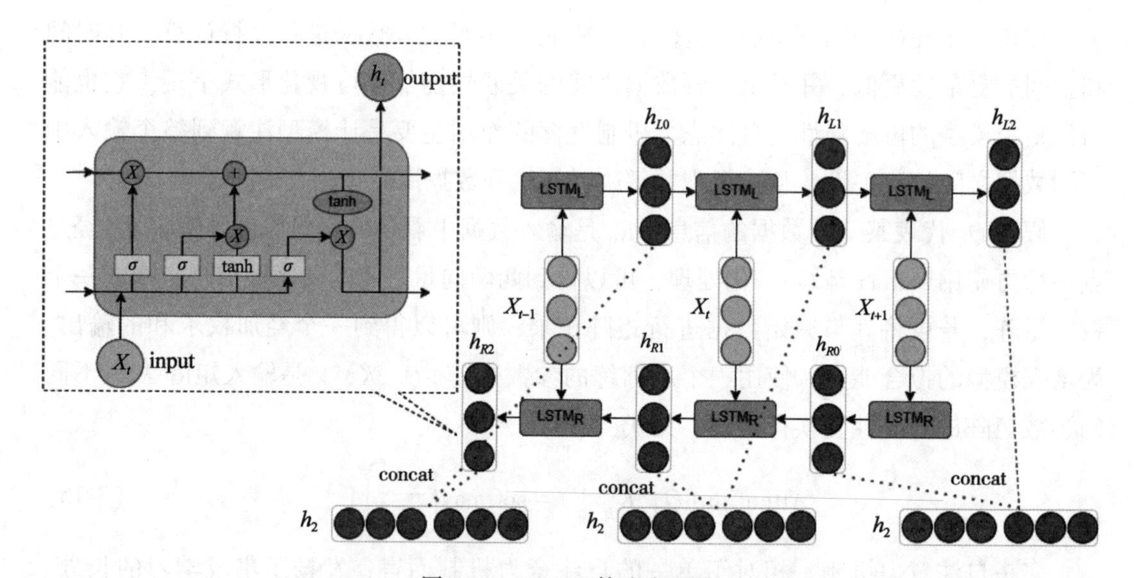

图 3-11　BiLSTM 算法流程图

在训练的过程中，模型还对 Decoder 部分增加了掩码机制。在使用 Transformer 构架进行训练时，模型会把整个输出结果全部编译转换为特征向量并输入，但是本节希望解码器的输出是每次通过上一次结果不断迭代优化得到的。因此为避免未来的信息被提前利用，本节在 BiLSTM 的输入中增加掩码张量。

3.2.4　实证分析

1. 数据处理与环境配置

为了验证提出方法的有效性，本节以印度污染程度较重的 Patna 市的空气质量指数数据集(2015 年 10 月 3 日至 2020 年 7 月 1 日)为实验数据进行预测，时间间隔为 1h。数据源自印度政府官方网站中央污染控制委员会(www. cpcb. nic. in)。本节根据前

t h 的空气质量指数预测第 t+1 h 的空气质量指数，为单步单变量预测。数据的质量与信息统计如图 3-12 所示。

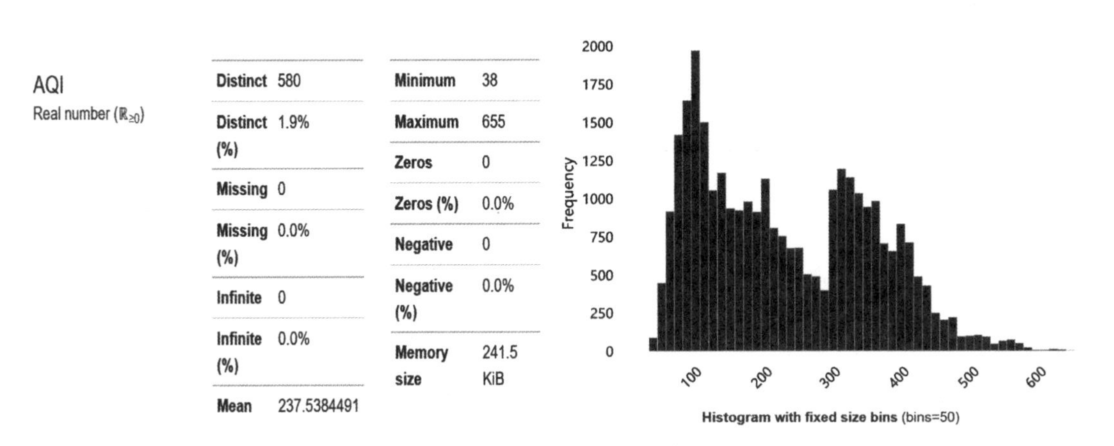

图 3-12　实验数据信息

由于原始数据的缺失值相对于数据总量较少，并且缺失值是长时间连续的，因而本节基于简便性原则对其进行删除处理。之后本节采用滚动窗口法构建时间序列样本，它的作用是将输入序列按照延迟 Δt 个时间单位的方式来划分数据及其标签，由于本节是进行单步预测，所以假设输入是 1 到 10，则其标签就是 2 到 11，以适应 Transformer 的 Seq2Seq 输出形式。本节以 75%为界划分训练集和测试集，设训练集样本量为 n，则要构建的时间序列样本总量为 $n-\Delta t+1$。通常，Δt 的值会影响时间序列样本的数量和每个样本中特征的数量，从而影响模型的性能，因此 Δt 数值的选择是较重要的[71]。本节为了验证模型在超短期空气质量指数预测方面的应用，将对 Δt 在 1~5的取值范围内分别进行实验。

本节中的实验在 Python(3.8 版本)中进行，使用 CUDA11.3 和深度学习开发框架 Pytorch(1.11.0 版本)构建网络模型。所有的实验都是在配有 i5 核的 Intel 处理器和 80GB 内存的远程 PC 上进行的，具体环境配置如表 3-3 所示。

2. 参数设置

在模型的实际训练中，本节设定 AdamW 作为模型的优化器。AdamW 优化器是在 Adam 优化器的基础上将权重衰减与学习率解耦，较后者有更好的泛化性能，且最优超参数的范围也更广。其余参数根据前人实践经验和简便性原则设定，具体设置情况见表 3-4。

表 3-3 实验环境配置

训练环境	特殊设置
GPU	RTX A5000 * 1 内存：24GB
CPU	15 kernels Intel(R) Xeon(R) Platinum 8358P CPU @ 2.60GHz RAM：80GB
默认硬盘	系统盘：20GB 数据盘：50GB
附加硬盘	None
端口映射	None
网络	上行宽带：10MB/s 下行宽带：10MB/s

表 3-4 模型的主要参数

参数类型	参数值	
全局	窗口大小	{1, 2, 3, 4, 5}
	训练集分配比	1%
	迭代次数	100
	批量大小	64
	学习率	0.001
	衰减率	0.95
编码器	嵌入大小	250
	层数	1
	正则化率	0.1
	自注意力机制组件个数	10
解码器	层数	2
	BiLSTM 隐藏层大小	2

3. 评价指标

在构建时间序列样本并初始化模型参数后，本节应用 Transformer-BiLSTM 网络对训练集数据进行建模，用以预测未来一小时的 AQI。由于大多数算法在训练数据上的表现是有偏差的，通常是过拟合的，因此本研究中的结果都是基于测试集的。本节使用均方根误差(RMSE)、平均绝对误差(MAE)和平均绝对百分比误差(MAPE)这三个指标来评价 Transformer-BiLSTM 混合模型的预测性能，计算方法如式(3-17)~式(3-19)所示。

$$\mathrm{RMSE}=\sqrt{\frac{1}{n}\sum_{i=1}^{n}(y_i-y_i^*)^2} \tag{3-17}$$

$$\mathrm{MAE}=\frac{1}{n}\sum_{i=1}^{n}|y_i-y_i^*| \tag{3-18}$$

$$\mathrm{MAPE}=\frac{1}{n}\sum_{i=1}^{n}\frac{|y_i-y_i^*|}{y_i} \tag{3-19}$$

3.2.5 实验结果

1. 实验流程

本节使用 Pytorch 团队开发的 TensorboardX 库对模型的训练过程进行了以轮次为间隔的实时记录，得到训练集误差和测试集误差相对曲线如图 3-13 所示，图片切换了 y 轴对数刻度，这样能更加清晰地观察到两类误差的区别。可以看到，测试集和训练集的损失函数值在模型优化 10 个轮次以后分别渐趋于 3×10^{-4}、6×10^{-5}，且测试集误差总体上一直大于训练集误差，说明模型已经收敛，未出现欠拟合现象。

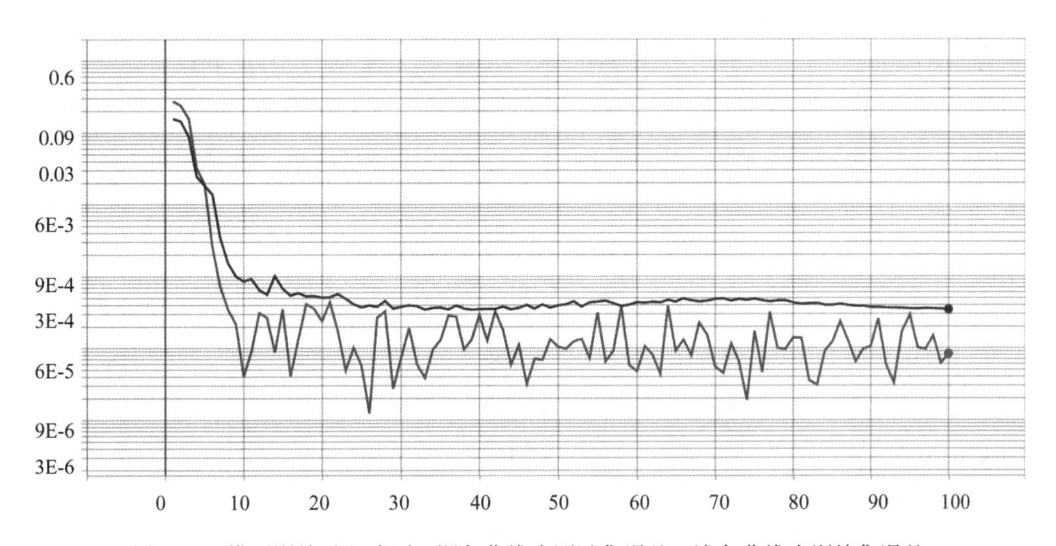

图 3-13 模型训练过程-损失(深色曲线为测试集误差，浅色曲线为训练集误差)

本节选择的对比模型为含有两层隐藏层的 LSTM、BiLSTM，以及改进编码器为一层线性层的 Transformer 和 Transformer-LSTM 模型。其中，Transformer 的原有基线模型用于时间序列预测任务时效果较差，是由原有 Decoder 部分会积累误差导致，因而本节中的对比模型是将原 Decoder 部分去除而仅留一层线性层以输出模型最终预测结果，这样做也更方便本节从控制变量的角度对目标模型的性能进行比较分析。Transformer-LSTM 模型则是将 Transformer 模型的解码器部分变为一个包含两层隐藏层的 LSTM 网络。本节对这五个模型分别在时间窗口为 1h、2h、3h、4h 和 5h 的情况下进行空气质量指数序列预测。最终得到各个模型的预测结果和(局部)最佳情况如表 3-5 和表 3-6 所示。

表 3-5　实验中各模型的性能

时间窗口 模型	1h			2h			3h		
	RMSE	MAE	MAPE	RMSE	MAE	MAPE	RMSE	MAE	MAPE
LSTM	12. 0059	8. 6868	7. 37%	8. 5041	4. 4886	4. 05%	8. 5306	4. 6756	4. 07%
BiLSTM	8. 1379	4. 0548	3. 48%	8. 5041	4. 4886	4. 05%	11. 7364	8. 0747	7. 63%
Transformer(-Linear)	15. 2598	13. 142	10. 12%	15. 4502	13. 408	10. 45%	15. 3298	13. 333	10. 11%
Transformer-LSTM	53. 3007	45. 0149	34. 94%	8. 7666	5. 7037	3. 76%	7. 6878	3. 7221	2. 68%
Transformer-BiLSTM	8. 0003	3. 9352	3. 09%	7. 5647	3. 3338	2. 70%	8. 0002	3. 9308	3. 31%

时间窗口 模型	4h			5h		
	RMSE	MAE	MAPE	RMSE	MAE	MAPE
LSTM	8. 553	4. 6981	4. 11%	8. 5812	4. 7445	4. 14%
BiLSTM	12. 932	9. 4522	8. 73%	13. 791	10. 4999	9. 41%
Transformer(-Linear)	14. 58	12. 3491	9. 56%	14. 3897	12. 1258	9. 30%
Transformer-LSTM	8. 1011	4. 1805	2. 95%	7. 8993	4. 1013	2. 95%
Transformer-BiLSTM	7. 9834	3. 7744	3. 14%	8. 6614	5. 0771	4. 22%

表 3-6　各模型最佳情况的性能对比

模型	RMSE	MAE	MAPE	时间窗口
LSTM	8. 5041	4. 4886	4. 05%	2h
BiLSTM	8. 1379	4. 0548	3. 48%	1h
Transformer(-Linear)	14. 3897	12. 1258	9. 30%	5h
Transformer-LSTM	7. 6878	3. 7221	2. 68%	3h
Transformer-BiLSTM	7. 5647	3. 3338	2. 70%	2h

2. 结果分析

对比分析结果可以发现，Transformer-BiLSTM 模型在所有超短期序列预测实验中显示出最佳的效果。根据表 3-6，Transformer-BiLSTM 模型的 RMSE 和 MAE 都是最佳的，而 MAPE 指标位列次佳则在很大概率上是因为这个指标容易受到异常数值的影响。在每个模型的最优结果里，Transformer-BiLSTM 模型较排名第二位的 Transformer-LSTM 模型的 RMSE 和 MAE 分别降低了 3.85%和 20.18%。五种模型在不同时间窗口下的最佳预测效果见图 3-14。

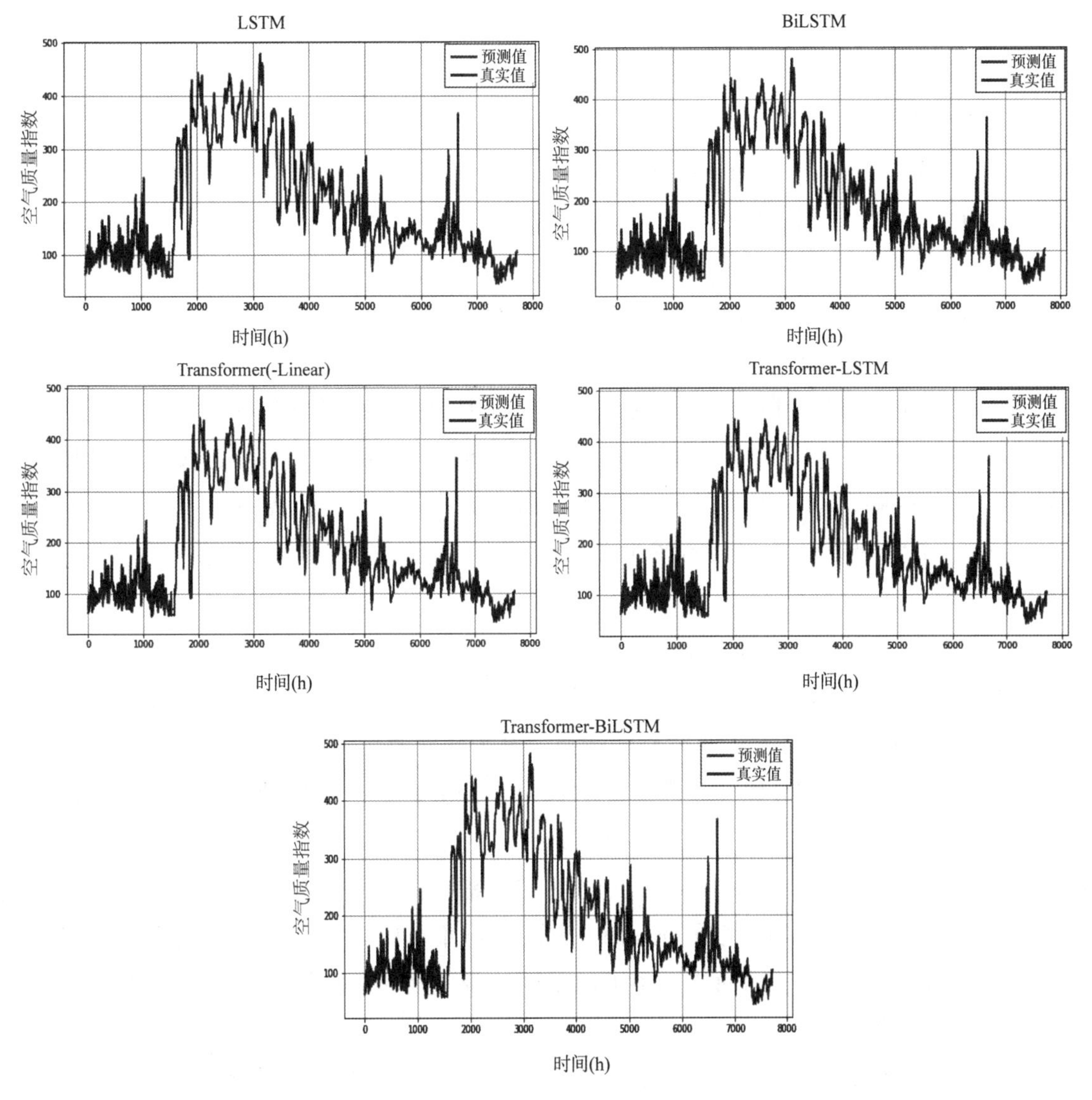

图 3-14　各个模型的最终预测结果对比

由上所述总结出如下一些现象规律：

(1) Transformer(-Linear)模型的性能是最差的，该模型预测的数值有明显的滞后效应，并且预测结果普遍比真实值偏低，尤其对于突变序列和含集群效应的序列的拟合效果很差。

(2)与传统的 LSTM 模型相比，BiLSTM 模型的拟合效果更好，并且 BiLSTM 由于能够兼顾序列前后双向的信息，拟合误差更小一些。但是这两者都对尾部序列的拟合较差，预测数值上有一定的滞后效应，且整体上大于真实值，这一点显然和此前的 Transformer-Linear 模型相反。

(3) Transformer-LSTM 模型对于集群效应序列的拟合程度不够，且延续 Transformer-Linear 模型存在的问题，但较之存在很大的改进，这在一定程度上印证了将 LSTM 模型引入解码器部分的有效性。

(4)值得注意的是，Transformer-LSTM 模型与 LSTM 和 BiLSTM 模型相比，对于尾部序列和突变部分序列的拟合程度更好。

(5)与前述四个模型相比，(局部)最佳情况下的 Transformer-BiLSTM 模型则显示出较好的性能，它结合了 Transformer 和 LSTM 网络的优点，能较好地识别集群效应序列和突变序列，并在整体上没有显著的滞后预测。

Transformer 因其能利用全局信息进行建模且善于捕捉长期依赖并在信息交互方面具有突出能力，但是使用点积相乘的自注意力机制在局部信息的提取方面存在劣势[75]，根据实验结果发现其在这方面不如 LSTM 效果好。这就导致了 Transformer(-Linear)虽然能较准确地预测全局序列的走势，但是预测的数值并不精确，并且存在短期的滞后效应。

对于基于 RNN 的 LSTM 和 BiLSTM 网络，其神经元的输出可以在下一个时间段直接作用到自身，即第 i 层神经元在 m 时刻的输入，除了 $(i-1)$ 层神经元在该时刻的输出外，还包括其自身在 $(m-1)$ 时刻的输出，这种顺序遍历的特性使得 LSTM 网络对于局部信息的提取能力十分优异，因而预测数值十分准确。但是这种顺序模式使它难以对突变的序列有较好的把控，导致对测试集尾部的序列拟合较差。

本节提出的 Transformer-BiLSTM 混合模型在解码器部分嵌入了能捕捉双向的时间序列信息依赖的 BiLSTM 以克服 Transformer 的局部不可知论，同时模型对序列全局轮廓也有较佳的学习效果，因而该模型可以很好地兼顾全局和局部的上下文信息。

3. 拓展与推广

模型的泛化能力是很重要的，如果一个模型具有很好的泛化性能，那么它往往能够在未见过的数据上表现良好。并且，泛化能力好的神经网络不仅有助于提升网络解释性，而且还可以带来更有规律、更可靠的模型架构设计[76]。

基于此，本节将提出的模型应用到印度其他几个城市的空气质量指数数据集上，以验证模型的可推广性。结合统计学中试验设计控制变量的方法，想要考察提出的模型在不同空气质量水平城市的数据集上都有较好的性能，因而对印度的城市分别进行考察，得到印度各城市空气质量指数分布图如图 3-15 所示。本节将在空气质量良好、中等、差劲三个层级的城市中分别选择两个城市进行预测。

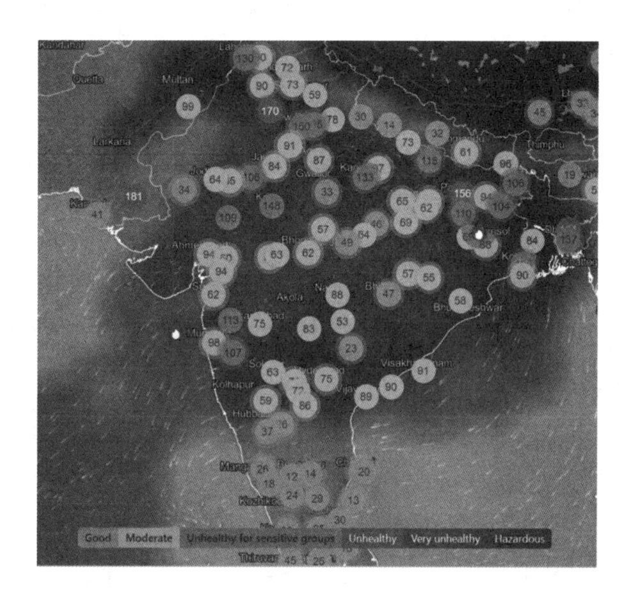

图 3-15　印度各城市空气质量指数分布图(数据来自瑞士的 IQAir 公司)

本节还将数据量和时序数据的起始时间作为一个变量，本节选择不同数据量的数据集进行实验，以验证数据量是否会对模型的性能产生较大的影响，同时考察模型的稳健性。模型的超参数设置与表 3-4 一致。最终选择的城市数据集和实验结果汇总如表 3-7 所示。

表 3-7　模型的可推广性验证

数据集	数据起始时间	区间内平均 AQI	RMSE	MAE	MAPE
Thiruvananthapuram	2017-06-23　7：00	76.11	5.3090	2.5538	3.88%
Bengaluru	2015-03-21　3：00	94.41	4.1809	2.6023	3.35%
Visakhapatnam	2016-07-07　2：00	117.73	14.6969	7.4871	10.72%
Amritsar	2017-02-28　4：00	120.53	8.0890	3.1358	2.73%
Gurugram	2016-01-23　11：00	223.88	7.1461	4.0360	3.23%
Delhi	2015-01-01　16：00	260.15	3.5734	2.6154	1.65%

通过对结果进行对比分析，本节提出的 Transformer-BiLSTM 混合模型在 Thiruvananthapuram、Bengaluru 等 6 个城市的空气质量指数预测任务中均展现出令人鼓舞的性能，其中在 Delhi 市的数据集上应用效果最佳，RMSE、MAE 和 MAPE 分别低至

3. 5734、2. 6154 和 1. 65%。模型在 Delhi 市和 Bengaluru 市的预测效果是最佳的，而这两个城市的数据集相对而言也是最大的，说明数据量对模型的性能有一定的改进作用。最终，模型在不同数据集上的预测效果见图 3-16。

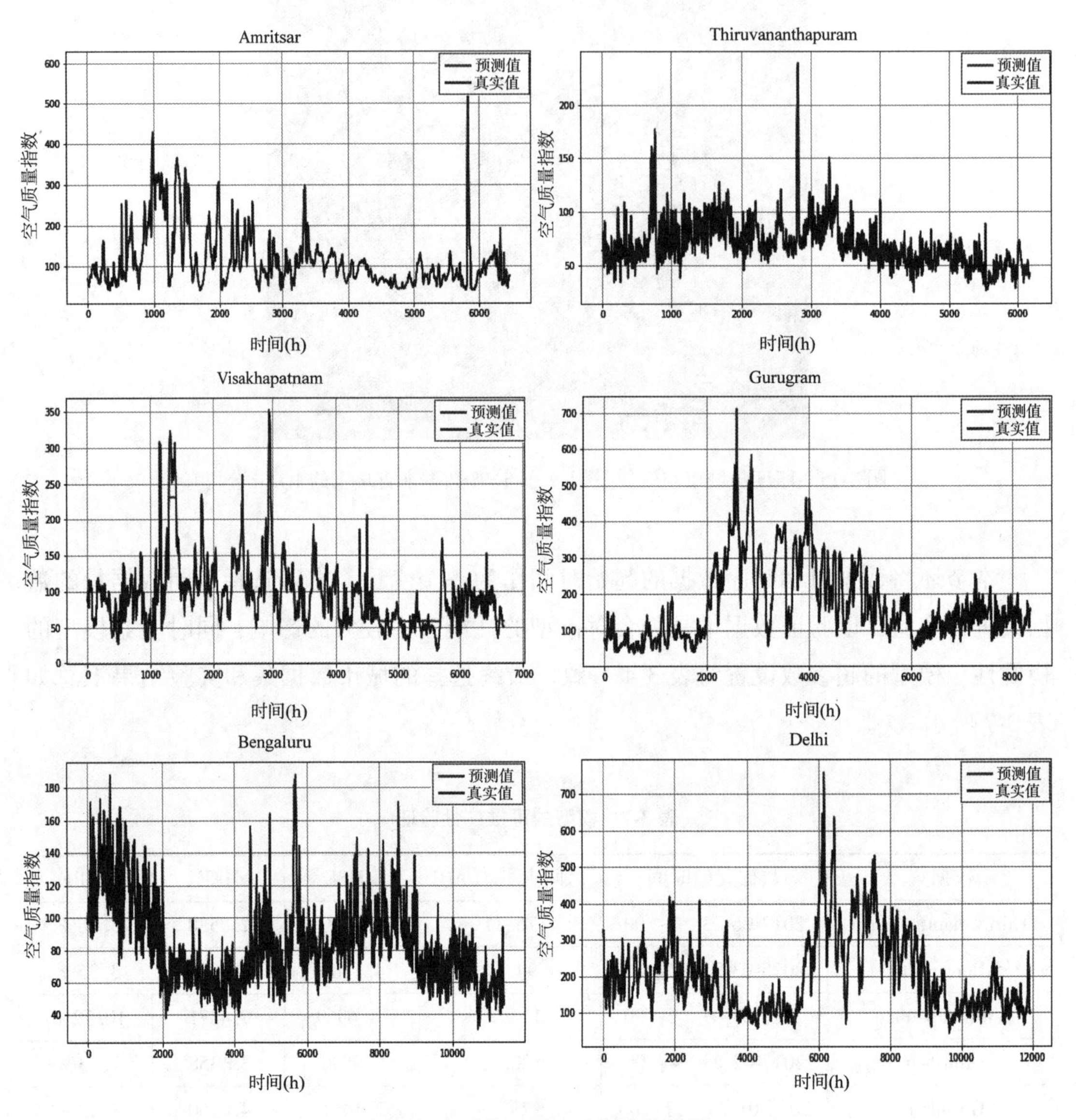

图 3-16　泛化性能验证实验的结果

3. 2. 6　小结

准确预测空气质量能对政府决策和经济发展产生重要影响，但实际获取的时间序列数据往往具有高波动性、非平稳性和非线性等特点，并且含有复杂噪声。为了能够对空气质量指数进行更精确的预测，本节提出一种基于 Transformer 和 BiLSTM 的混合模型。Transformer 架构中的逐点点积自注意力机制对局部的前后信息不敏感，这会使模型在时间序列中容易出现异常，而 BiLSTM 则擅长捕捉双向的时间序列信息依赖；同时，LSTM 在并行处理上存在劣势，而 Transformer 中的多头自注意力机制则使之在并行计算方面性能优越。因而将两种方法结合的 Transformer-BiLSTM 模型可以很好地兼顾全局和局部的序列信息，并且理论上运算效率也较佳。根据实验结果，Transformer-BiLSTM 模型在与 BiLSTM、Transformer 和 Transformer-LSTM 等模型的对比实验中显示出最佳的性能，Transformer-BiLSTM 模型较性能排名第二位的 Transformer-LSTM 模型的 RMSE 和 MAE 分别降低了 3.85%和 20.18%。尽管本节研究关注的是单变量的时间序列数据，但希望提出的方法可以进一步扩展到能利用气象数据和时间戳数据等辅助数据、同时考虑时空相关性的时空数据建模，这是本节未来计划探索的一个方向。

3.3 本章小结

本章目的在于研究机器学习模型在空气质量指数预测方向上的应用，为此本章提供了两个预测思路。3.1 节提出基于 SSA-BiLSTM-LightGBM 模型的预测方法，其基本思想是将单变量时间序列分解为多个成分，对不同成分分别进行预测，再将其作为特征，通过集成算法预测实际值。实验结果表明模型预测效果良好，说明这种先分解再集成的思路对于单变量时间序列预测具有实际意义。3.2 节提出基于 Transformer-BiLSTM 模型的预测方法，该模型能够较好地识别序列的突变和集群效应，并且可以较好地提取局部和全局的历史信息。结果证明该混合模型在空气质量实时预测中具有较高的性能和广阔的应用前景。以上研究表明，机器学习模型能对空气质量指数作出准确预测，帮助相关部门提出相对应的政策，从而改善环境以提升生活质量。

第 4 章　基于机器学习模型的 $PM_{2.5}$ 浓度预测

本章基于当前的研究状况，提出三种不同的模型来准确预测 $PM_{2.5}$ 的浓度，掌握大气污染情况，为环境改善提供重要建议。

4.1　基于 CEEMADAN-FE-BiLSTM 模型的 $PM_{2.5}$ 浓度预测

4.1.1　概述

随着工业化和城市化进程加快，废气、废水及废弃物等污染物的排放量大大增加，大气污染已成为各国密切关注的问题。造成大气严重污染的污染物以 $PM_{2.5}$ 颗粒物为主，它是指环境空气中空气动力学当量直径小于等于 2.5μm 的颗粒物，直观表现就是大气呈浑浊状态。$PM_{2.5}$ 通过呼吸系统进入人体，轻则引起咳嗽、支气管炎等呼吸道疾病，重则对神经系统、心脑血管系统产生严重损害，甚至危及性命。同时，$PM_{2.5}$ 会阻挡太阳辐射传输，引起空气对流停滞，不利于空气污染物的扩散；$PM_{2.5}$ 浓度上升会导致能见度大大降低，影响人们的正常出行与交通秩序，容易引起大规模车祸。由此，准确预测实时 $PM_{2.5}$ 浓度对各国政府推行大气污染改善政策、人民保持身体健康与正常生产生活活动具有重大现实意义。

目前，预测 $PM_{2.5}$ 的方法主要有数值模式法、统计建模预测法、机器学习方法和深度学习预报法。数值模式法主要基于空气动力学理论和物理化学变化过程，使用数学方法建立大气污染浓度的稀释和扩散模型动态预测空气质量和主要污染物的浓度变化。该预报法全面地考虑了物理和化学过程，但由于大气过程过于复杂，可能无法精确预报，且此方法计算量巨大、耗时很长。大多数专家学者采用后三种方法进行研究，考虑可能会影响 $PM_{2.5}$ 浓度的因素，基于 $PM_{2.5}$ 浓度的历史数据建立单一或组合模型对 $PM_{2.5}$ 或其他污染物浓度进行预测，在一定程度上可以弥补单一数值模式预测的不确定性。统计建模方面，常用的模型有 ARMA[77]、ARIMA[78] 和 MLR[79] 等。由于 $PM_{2.5}$ 浓度受到多因素影响，呈现出不稳定性与非线性，上述提到的统计建模方法在处理非线性时间序列数据上精度不高，学者们进一步研究机器学习方法应用于 $PM_{2.5}$浓度预测，常见的有 SVM[80]、随机森林[37]和 BP 神经网络[81]等。近年来，随着深度学习在不同领域取得显著效果，越来越多学者开始利用深度学习模型预测 $PM_{2.5}$浓度，常见的有 RNN[82]、LSTM[83]和 GRU 模型[84]，混合模型往往比单一模型的鲁棒性更强，如今研究的绝大多数模型是混合模型。Xiao F 等建立了 WLSTME 模型预测 $PM_{2.5}$浓度，先考虑地理位置的相邻性，利用 MLP 生成加权的 $PM_{2.5}$历史时间序列数据，其次将历史 $PM_{2.5}$浓度数据和相邻站点加权 $PM_{2.5}$序列数据输入 LSTM，提取时空特征，最后用 MLP 将 LSTM 提取的时空特征与中心站点的气象数据结合预测 $PM_{2.5}$浓度①。结果表明，在各季节和各地区，WLSTME 的预测精度和可靠性均高于 STSVR、LSTME 和 GWR。Al-Qaness 等[3]提出 PSOSMA-ANFIS 来预测中国武汉市的空气质量指数，并基于"全球 COVID-19 空气质量数据集"对其进行评估，与原来的 PSO 和 SMA 相比，PSOSMA 能够更好地提升 ANFIS 的性能。

不少学者考虑加入数据分解技术对原始数据进行分解，凸显数据的时序特征，起到对数据特性进行增强的作用。李祥等[85]提出小波分解与 ARIMA 结合，尹建光等[86]提出 WD 与 LSSVR 结合，刘铭等[87]提出 EMD-LSTM 算法，这些组合模型证明了分解技术能有效提高预测精度。Niu 等[88]提出了 EEMD 与 LSSVR 的混合模型，有效抑制传统分解方法在分解时间序列时造成的模态混叠现象。翁克瑞等[89]分别对高频数据和低频数据引入 TPE-XGBoost 模型、LassoLars 模型，结合空气质量因素与气象因素反映分解特征的变化趋势，对 $PM_{2.5}$浓度进行预测。Sun 等[90]利用 FEEMD 对原始 $PM_{2.5}$浓度序列进行分解后，以样本熵为依据对分解后序列进行重组，再利用 GRNN 和 ELM 分别对重组序列进行预测。

目前，还没有学者将 CEEMDAN-FE 分解-合并技术用于 $PM_{2.5}$浓度预测中，本节提出使用 CEEMDAN 将原始浓度序列进行分解来减少数据噪声、增强数据变化的周期性，再根据 FE 值由 K-means 聚类将熵值相近的分解波进行合并进一步减少计算量，最后将重组后序列输入 BiLSTM 模型中进行预测。

$PM_{2.5}$浓度序列具有非线性、非平稳、噪声多等特点，难以准确预测其浓度，本节提出了一种基于自适应白噪声的完整集成经验模态分解（CEEMDAN）和双向长短期记忆神经网络（BiLSTM）混合模型的 $PM_{2.5}$浓度预测方法，并将其用于预测同类颗粒污染物 PM_{10}和异类气体污染物 O_3，证明了该预测方法具有强泛化能力。首先，利用 CEEMDAN 对 $PM_{2.5}$浓度数据进行不同频率的分解；然后，计算各分解波的模糊熵

① Xiao F, Yang M, Fan H, et al. An improved deep learning model for predicting daily $PM_{2.5}$ concentration [J]. Scientific reports, 2020, 10(1): 20988.

(Fuzzy Entropy，FE)值，由K-means聚类将相近波进行合并生成输入序列；最后，将合并后的序列输入多隐藏层的BiLSTM模型进行训练。本节对韩国首尔116号站点$PM_{2.5}$浓度数据进行逐小时预测，得到水平误差RMSE、MAE和SMAPE分别为2.74、1.90和13.59%，R^2高达96.34%。实验结果表明：

(1)相比EMD和EEMD算法，使用CEEMDAN算法对原序列进行分解可以克服模态混叠现象，有效去除噪声、提取时序信息。

(2)利用熵值对IMF序列进行重组能显著提高BiLSTM模型的预测性能，并且使用FE值对IMF序列的合并效果稳定、对模型拟合优度的提升起决定性作用，相较于SE和AE熵值法，用到FE熵值法的混合模型的SMAPE分别降低12.88%、17.79%。

(3)在预测PM_{10}浓度时，CEEMDAN-FE-BiLSTM的水平误差比排名第二位的模型分别降低21.01%、18.31%和24.26%，R^2高5.02%；在预测O_3浓度时，CEEMDAN-FE-BiLSTM的水平误差比排名第二位的模型分别降低68.57%、70.49%和53.76%，R^2高73.68%。即无论预测同类还是异类的污染物，CEEMDAN-FE-BiLSTM混合模型在水平精度和拟合优度上都显著优于其余模型并且波动不大，预测效果稳定。本节提出的“CEEMDAN-FE”分解-合并技术能有效降低原始数据的不稳定性与高波动性，克服数据噪声，显著提高模型对$PM_{2.5}$实时浓度的预测性能。

4.1.2　研究方法

1. CEEMDAN

CEEMDAN[91]是由经验模态分解(Empirical Mode Decomposition，EMD)算法发展而来，EMD[92]是一种自适应正交基的时频信号处理方对未知的非线性信号的处理方法，本质是将信号分解为具有不同频率的本征模态分量(IMF)。由于数据噪声存在，传统EMD分解会出现模态混叠的现象，Wu等[93]提出集成经验模态分解(Ensemble Empirical Mode Decomposition，EEMD)，每次信号分解时都对原始信号添加零均值、固定方差的白噪声，有效改善模态混叠现象，但添加的高斯白噪声难以消除，存在重构误差的问题。在EEMD的基础上，Torres等[91]提出具有自适应白噪声的完整集成经验模态分解(CEEMDAN)，自适应加入和消除白噪声，不仅有效克服模态混叠现象，还降低了重构误差，同时减少迭代次数、降低计算成本。

假设原始时间序列为$X(t)$，CEEMDAN对序列分解的步骤如下：

(1)在原始时序数据中添加n次相同长度的高斯白噪声$n(t) \sim N(0, 1)$，其中$i = 1, 2, \cdots, n$。ξ_0为自适应系数，通过EMD分解得到第一个模态分量IMF_1，进行m次实验，形成 m 个 IMF_1，对这 m 个 IMF_1 取均值得到$\overline{IMF_1}$，计算式如式(4-1)、式(4-2)所示。

$$X(t)+\xi_0 n^i(t)=IMF_1^i(t)+r_1^i(t) \tag{4-1}$$

$$\overline{IMF_1}=\frac{1}{m}\sum_{i=1}^{m} IMF_1^i(t) \tag{4-2}$$

(2) 从原始序列 $X(t)$ 中剔除 IMF_1，剩余时间序列记为 $r_1(t)$，由 EMD 计算获得自适应信号 $E_1(n^i(t))$，将其添加进剩余时间序列 $r_1(t)$，再进行新一轮 EMD 分解，重复 m 次取均值得到$\overline{IMF_2}$，计算式如式(4-3) ~ 式(4-5) 所示。

$$r_1(t)=X(t)-\overline{IMF_1} \tag{4-3}$$

$$r_1(t)+\xi_1 E_1(n^i(t))=IMF_2^i(t)+r_2^i(t) \tag{4-4}$$

$$\overline{IMF_2}=\frac{1}{m}\sum_{i=1}^{m} IMF_2^i(t) \tag{4-5}$$

(3) 对于第 k 个分量($k=2, 3, \cdots, n$)，与步骤(2) 类似，第 k 个分量$\overline{IMF_k}$，计算式如式(4-6) ~ 式(4-8) 所示。

$$r_{k-1}(t)=X(t)-\overline{IMF_{k-1}} \tag{4-6}$$

$$r_{k-1}(t)+\xi_1 E_{k-1}(n^i(t))=IMF_k^i(t)+r_k^i(t) \tag{4-7}$$

$$\overline{IMF_k}=\frac{1}{m}\sum_{i=1}^{m} IMF_k^i(t) \tag{4-8}$$

(4) 不断重复上述步骤，直到残余分量不适合再分解时停止分解，此时所有符合条件的$\overline{IMF_s}$ 均被提取，趋势项为 $r_n(t)$，见式(4-9)：

$$X(t)=\sum_{i=1}^{n} \overline{IMF_i}+r_n(t) \tag{4-9}$$

2. FE

模糊熵(FE)[94]是样本熵(Sample Entropy, SE)[95]和近似熵(Approximate Entropy, AE)[96]的改进，用于度量时间序列复杂度，它引入了模糊集概念，利用指数函数对向量的相似性进行模糊化定义来计算熵值。模糊熵集合了样本熵不依赖数据长度和具有一致性、近似熵抗噪和抗野值点能力强等优点。引入的模糊函数使得模糊熵在计算中解决样本熵断点问题，值的变化更平稳。模糊熵的实现过程如下：

(1) 对 N 点采样序列$\{s(n), n=1, 2, \cdots, N\}$ 进行相空间重构，得到的 m 维重构向量如式(4-10) 所示。

$$X_i^m=[s(i), s(i+1), \cdots, s(i+m-1)]-u_0(i) \quad (i=1, 2, \cdots, N-m+1) \tag{4-10}$$

式(4-10) 中，X_i^m 表示从第 i 个点开始连续 m 个去掉基线值 $u_0(i)$ 的 s 值，$u_0(i)$ 如式(4-11) 所示。

$$u_0(i) = \frac{1}{m}\sum_{j=0}^{m-1} u(i+j) \tag{4-11}$$

定义 d_{ij}^m 为 x_i^m 与 x_j^m 对应元素间差异的最大绝对值，表达式如式(4-12) 所示：

$$d_{ij}^m = d[X_i^m, X_j^m] = \max_{k\in(0,\ m-1)}\{|s(i+k) - s_0(i)| - |s(j+k) - s_0(j)|\} \quad (i, j = 1, 2, \cdots, N-m, i \neq j) \tag{4-12}$$

(2) 引入指数形式的模糊函数 $\mu(d_{ij}^m, n, r)$，参数 m 为相空间维数，参数 n 定义为函数边界的梯度，r 定义为函数边界的宽度，计算 X_i^m 和 X_j^m 的相似度 D_{ij}^m，表达式如式(4-13) 所示：

$$D_{ij}^m = \mu(d_{ij}^m, n, t) = \exp\left(-\frac{d_{ij}^m}{r}\right)^n \tag{4-13}$$

在式(4-13) 基础上，定义函数如式(4-14) 所示。

$$\varphi^m(n, r) = \frac{1}{N-m}\sum_{i=1}^{N-m}\left(\frac{1}{N-m-1}\sum_{j=1,\ i\neq j}^{N-m} D_{ij}^m\right) \tag{4-14}$$

类似地，基于 X_i^{m+1}，定义函数如式(4-15) 所示：

$$\varphi^{m+1}(n, r) = \frac{1}{N-m}\sum_{i=1}^{N-m}\left(\frac{1}{N-m-1}\sum_{j=1,\ i\neq j}^{N-m} D_{ij}^{m+1}\right) \tag{4-15}$$

(3) 利用负自然对数，模糊熵的定义及模糊熵的估计分别如式(4-16) 和式(4-17) 所示。

$$f_{\text{FuzzyEn}}(m, n, r) = \lim_{N\to\infty}(\ln\varphi^m(n, r) - \ln\varphi^{m+1}(n, r)) \tag{4-16}$$

$$f_{\text{FuzzyEn}}(m, n, r, N) = \ln\varphi^m(n, r) - \ln\varphi^{m+1}(n, r) \quad (\text{当 } N \text{ 有限}) \tag{4-17}$$

嵌入维数 m 影响时间序列的长度 $N(N = 10^m \sim 30^m)$，通常取 1 ~ 3，模糊函数边界的宽度 r 太大会造成信息丢失的问题，r 太小会增加结果对噪声的敏感度，一般取 $0.1 \sim 0.25\sigma_{SD}$，σ_{SD} 表示原始时间序列的标准差。

3. BiLSTM

循环神经网络(RNN)通过使用自带反馈的神经元[97]，能处理时序数据。但随着时间序列的增长，RNN 需要回传的残差呈指数下降，导致网络权重更新缓慢，出现梯度消失或梯度爆炸的问题。Hochreiter 等[58]提出了最原始的长短期神经网络(LSTM)，Gers 等[98]提出加入遗忘门，前后时间步信息得以筛选，无须全部经过全连接层，形成如今常用的 LSTM 基本框架。长短期神经网络用 LSTM 层代替传统的隐藏层，可以从前一时刻获取细胞状态和隐藏层状态两种信息，采用控制门机制，由记忆细胞、输入门、输出门、遗忘门组成，其单元结构图 4-1 所示。

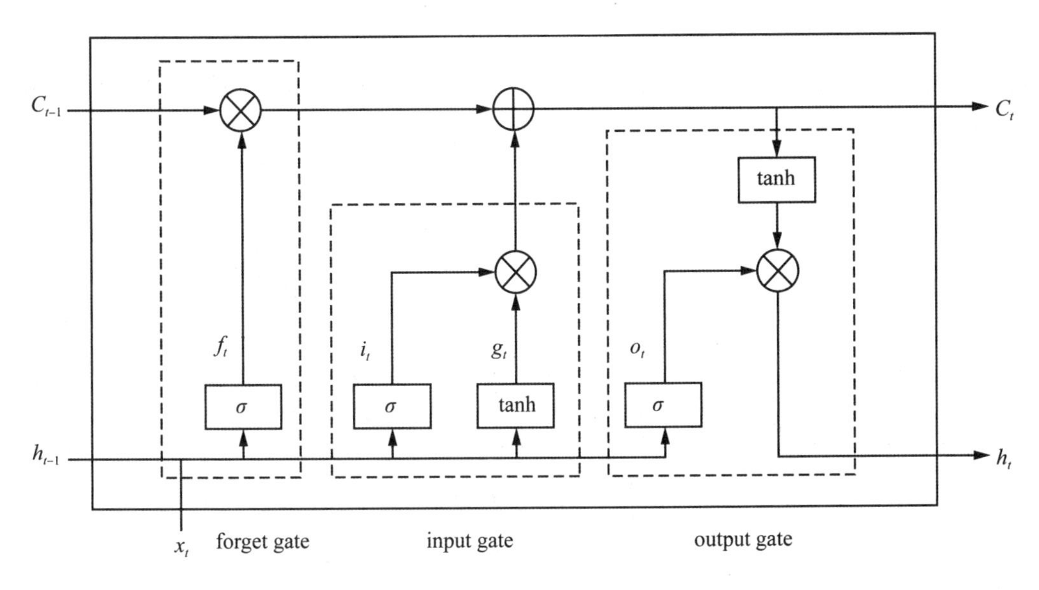

图 4-1 LSTM 单元结构

遗忘门：决定模型从细胞中“忘记”什么信息。f_t 为遗忘门输出，取值在 0 和 1 之间，f_t 越接近1，C_{t-1} 中被保留的信息越多；f_t 越接近0，则 C_{t-1} 中被剔除的信息越多。计算式如式(4-18) 所示。

$$f_t = \sigma(W_f[h_{t-1}, x_t] + b_f) \tag{4-18}$$

输入门：有两部分功能，一部分用于找到那些需要更新的细胞状态，另一部分把需要更新的信息更新到细胞状态中，计算式如式(4-19) 所示。

$$i_t = \sigma(W_i[h_{t-1}, x_t] + b_i) \tag{4-19}$$

记忆单元，如式(4-20) ~ 式(4-21) 所示。

$$g_t = \tanh(W_c[h_{t-1}, x_t] + b_c) \tag{4-20}$$

$$C_t = f_tC_{t-1} + i_tg_t \tag{4-21}$$

输出门：通过 sigmoid 层确定输出的信息部分，根据计算得到的细胞状态更新值 C_t，得到输出结果 h_t，见式(4-22) ~ 式(4-23)：

$$O_t = \sigma(W_o[h_{t-1}, x_t] + b_o) \tag{4-22}$$

$$h_t = O_t\tanh(C_t) \tag{4-23}$$

在式(4-18) ~ 式(4-23) 中，σ 表示 sigmoid 函数，W_f、W_i、W_c 和 W_o 分别是遗忘门、输入门、记忆单元和输出门的权重矩阵，$[h_{t-1}, x_t]$ 将两个向量拼接在一起变成一个更长的向量，b_f、b_i、b_c 和 b_o 分别是遗忘门、输入门、记忆单元和输出门的偏置项，C_t 表示当前时刻的单元状态，C_{t-1} 表示上一时刻的单元状态。

Graves 等[99]继承了 LSTM 和 BRNN（Bidirectional Recurrent Neural Network）的构造思路，构建了 BiLSTM，其单元内部结构与 LSTM 一样，如图 4-1 所示。BiLSTM 整体网络结构如图 4-2 所示。

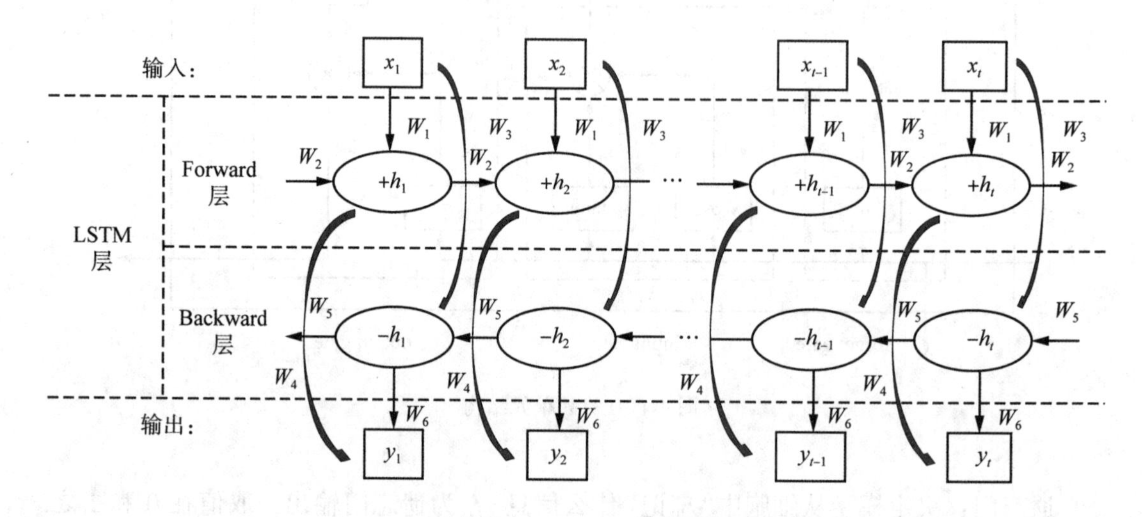

图 4-2　BiLSTM 单元结构

在原信息从初始时刻向 t 时刻正向传播的 Forward 层基础上，添加信息从 t 时刻向初始时刻反向传播的 Backward 层，两者同时决定输出，表达式如式(4-24)～式(4-26)所示。

$$^{+}h_t = f(W_1 x_t + W_2 {}^{+}h_{t-1}) \tag{4-24}$$

$$^{-}h_t = f(W_3 x_t + W_5 {}^{-}h_{t-1}) \tag{4-25}$$

$$o_t = g(W_4 {}^{+}h_t + W_6 {}^{-}h_t) \tag{4-26}$$

4. CEEMDAN-FE-BiLSTM

预测模型 CEEMDAN 可分为三部分。第一部分是分解部分，利用 CEEMDAN 模型对逐小时 $PM_{2.5}$浓度数据进行分解，形成 k 个 IMF 分量。第二部分是 IMF 分量合并部分，先引入模糊熵概念来衡量各 IMF 之间的相似程度，得到 k 个 FE 值；然后利用 K-means聚类将相近的 IMF 序列进行相加合并，形成 m 个分量，记作 Feat_i（$i=1, 2, \cdots, m$）。第三部分是 BiLSTM 模型预测部分，BiLSTM 由前向 LSTM 与后向 LSTM 组合而成，前者负责正向特征提取，后者负责反向特征提取，将这两个方向传播的特征信息融合，输出最终特征即得到 $PM_{2.5}$浓度的预测值。建模流程如图 4-3 所示。

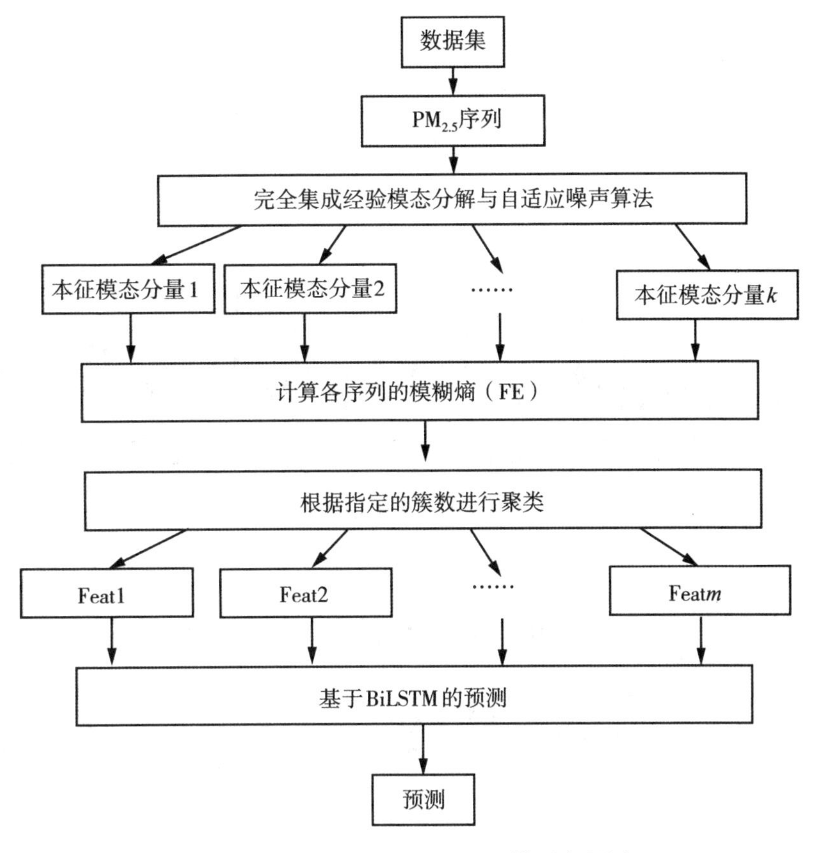

图 4-3 CEEMDAN-FE-BiLSTM 模型流程图

4.1.3 实证分析

1. 数据来源

本节数据来源于 Kaggle 网站 Air Pollution in Seoul 数据集，选择 116 号站点逐小时 $PM_{2.5}$浓度作为研究对象，时间范围为 2017 年 1 月 1 日 0：00 至 2019 年 12 月 31 日 23:00，共 25906 条数据。数据序列如图 4-4 所示。

2. 评估准则

为了定量评估模型预测性能，本节选取均方根误差 RMSE、平均绝对误差 MAE、对称平均绝对百分比误差 SMAPE、R^2来衡量不同模型的预测精度与泛化能力，设 y_i 为真实值，$\hat{y}_i$ 为模型预测值，$i=1, 2, \cdots, n$ 为样本数量，上述评价指标的表达式如式(4-27)-式(4-30) 所示。

$$\mathrm{RMSE}=\sqrt{\frac{1}{n}\sum_{i=1}^{n}(y_i-\hat{y})^2} \tag{4-27}$$

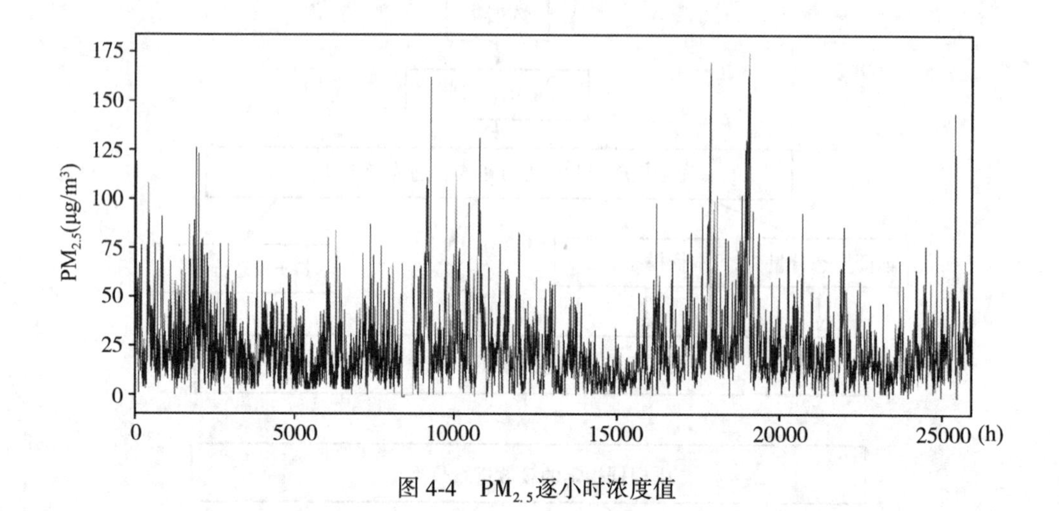

图 4-4　$PM_{2.5}$ 逐小时浓度值

$$\mathrm{MAE}=\frac{1}{n}\sum_{i=1}^{n}|\hat{y}_i-y_i| \tag{4-28}$$

$$\mathrm{SMAPE}=\frac{100\%}{n}\sum_{i=1}^{n}\frac{|y_i-\hat{y}_i|}{\frac{(|\hat{y}_i|+|y_i|)}{2}} \tag{4-29}$$

$$R^2=\frac{\sum_{i=1}^{n}(\hat{y}_i-y_i)^2}{\sum_{i=1}^{n}(y_i-\bar{y})^2} \tag{4-30}$$

由三个评价指标的定义可知，RMSE、MAE 越小，SMAPE 越接近于 0，R^2 越接近于 1，表示模型的预测误差越小，泛化能力越强。

3. 实验设置

本实验用的是三年 $PM_{2.5}$ 逐小时浓度数据，中间缺失了 374 个小时的数据，缺失值较少，对模型效果产生的影响较小，故不做任何填补；由于 $PM_{2.5}$ 浓度在不同时间段变化较大，为了保留数据原有信息，也不对离散数值做任何处理。将数据的前 80%划分为训练集，后 20%划分为测试集，训练集用于关键参数选择、模型建立，测试集用于模型预测效果评估。

(1) CEEMDAN 参数设置：采用 PyEMD 包中的 CEEMDAN 算法，设置不同的模态数，分别对训练集数据进行分解测试，当模态数设置为 14 时各分解波的得分最平稳。

(2) FE 参数设置：CEEMDAN 分解原始序列后得到的 IMF 分量较多，本节考虑对分量进行合并来减少后续预测的计算量，由模糊熵概念计算各 IMF 分量的 FE 值，将 FE 值相近的子序列重构为新的序列。根据前人经验[100]，设置嵌入维数 m 为 2，函数边界宽度 r 为 0.15，计算各 $IMF_i(i=1, 2, \cdots, 14)$的模糊熵值。

(3) BiLSTM 预测：为了更客观地合并相近序列，根据各模糊熵值，使用 K-means 聚类来合并 IMF 序列，形成 BiLSTM 的输入序列。经调研与实例分析，BiLSTM 的参数设置如表 4-1 所示。

表 4-1　BiLSTM 关键参数设置

主要超参数	设定值
批量大小	12
隐藏层单元数量	32
隐藏层数	2
学习率	0.005
最大迭代次数	30
优化器	Adam
损失函数	MSE

每次向 BiLSTM 输入 12 个样本，即以 12 小时为一个时间窗口，通过前 12 小时的历史数据预测下一小时的 $PM_{2.5}$浓度值，学习率为 0.005，学习时经过 2 层隐藏层，迭代次数设置为 30。对于模型中的优化算法，相比随机梯度下降，本节采用的 Adam 算法收敛速度更快且更稳定，损失函数用常见的 MSE。通过搜索的方式选取最优聚类簇数，分别设置K-means聚类的簇数为{1，2，…，14}，考察不同聚类情况下新的输入序列在训练集上的表现情况，将 MSE 最小时对应的输入序列作为最终 BiLSTM 预测的输入，再对测试集进行预测。

4.1.4　实验结果

1. CEEMDAN 模态分解结果

按照 CEEMDAN 模态分解方法将 $PM_{2.5}$浓度的原始序列分解成 14 组分解波，如图 4-5 所示。

由图 4-5(a)~(n)的 IMF_i 表现来看，由 CEEMDAN 分解得到的子序列从 IMF_1 到 IMF_{14}呈现频率降低、振幅变小、波长增长的趋势，IMF_i 呈现出一定的变化规律与周

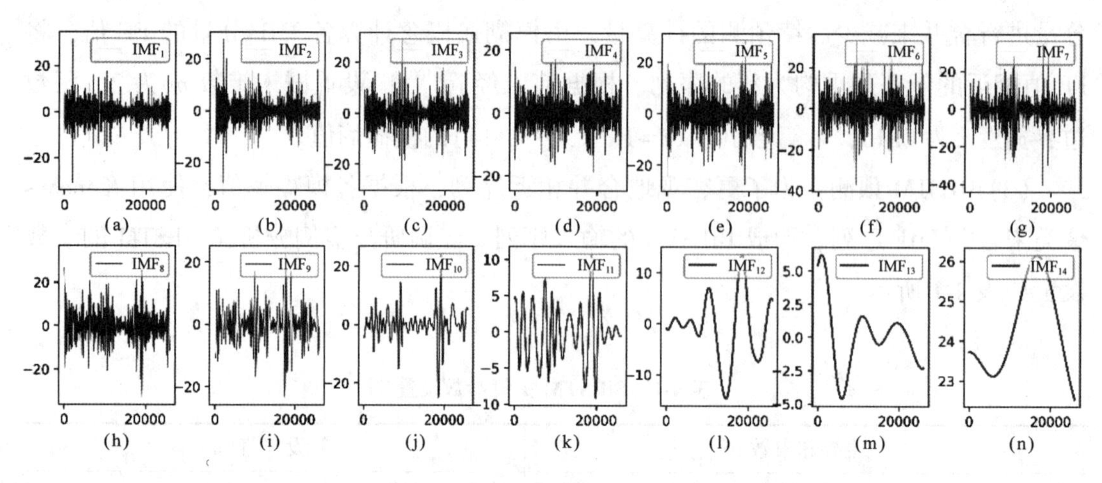

图4-5　CEEMDAN 模态分解波 IMF_i

期，说明 $PM_{2.5}$ 浓度的复杂序列已被分解成包含不同尺度信息且噪声逐渐减少的子序列。

2. FE 计算结果

根据设置的维数和函数边界宽度，计算分解波 IMF_i 的样本熵，用于评价波前部分之间的混乱程度，即波的频率，从而为下一步 IMF 分量进行合并与重组提供依据。分解波 IMF_i 的样本熵如表4-2所示。

表4-2　分解波 IMF_i 的样本熵

分解序列 IMF_i	FE 值	分解序列 IMF_i	FE 值
IMF_1	2.610378	IMF_8	0.424459
IMF_2	2.463169	IMF_9	0.159757
IMF_3	1.883876	IMF_{10}	0.037706
IMF_4	1.274559	IMF_{11}	0.005576
IMF_5	0.915284	IMF_{12}	0.001201
IMF_6	0.703778	IMF_{13}	7.40×10^{-5}
IMF_7	0.577730	IMF_{14}	4.82×10^{-6}

模糊熵的值越小表示信号有结构化的模式，值越大表示信号是随机或不可预测的。由表4-2知，从 IMF_1 到 IMF_{14}，模糊熵逐渐变小，再次说明了 CEEMDAN 分解得到的子序列所含噪声逐渐减少。

3. BiLSTM 实验结果

根据 BiLSTM 关键参数设置，当 K-means 聚类的簇数增长时，BiLSTM 在训练集上的表现效果如图 4-6 所示。

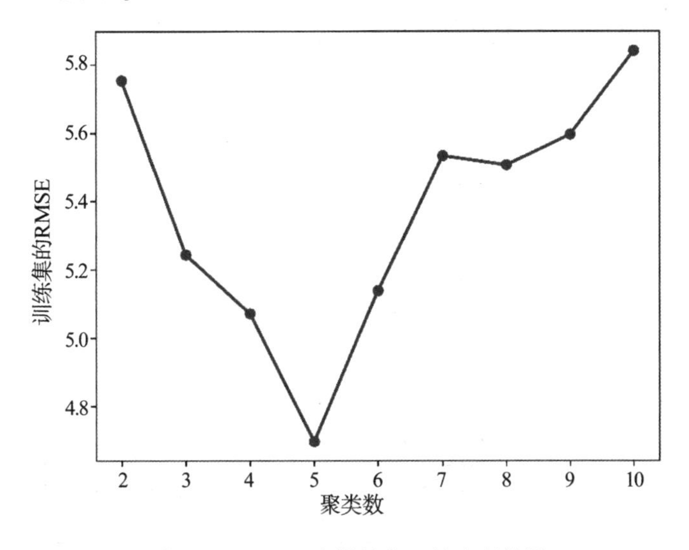

图 4-6 BiLSTM 在训练集上的表现效果

当聚类数 k 增长时，BiLSTM 的训练误差先减少后增加，聚类数 k 为 5 时，训练集的 RMSE 最小，为 4.70。由此，本节确定将 IMF 分量合并，重组成 5 个重构序列 $Feat_i$($i=1$, 2, …, 5)，为了更直观地体现重构序列的变化情况，部分分量重构结果如图 4-7 所示。

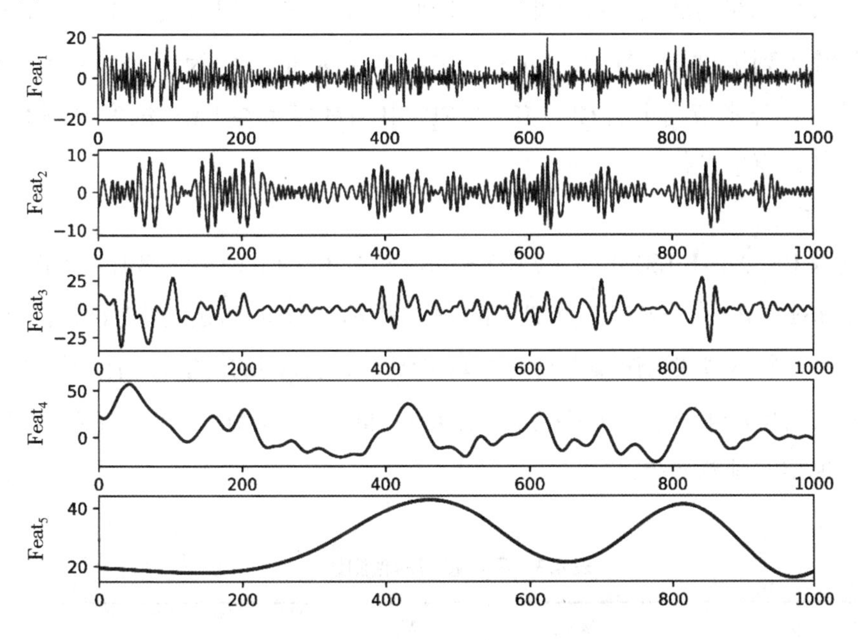

图 4-7 CEEMDAN-FE 分解重构后的子序列(部分)(纵轴标签不在一条线)

由图 4-7 可以看出，合并重组后的新序列都呈现出一定的周期性，说明合并重组后序列所含噪声比未分解前的要少。将这 5 个 Feat 分量输入 BiLSTM 中进行训练，如表 4-1 设置窗口大小为 12，批量大小为 12，最大迭代次数为 30，经过分解-合并后的 Feat 序列在 BiLSTM 的流动情况如图 4-8 所示。

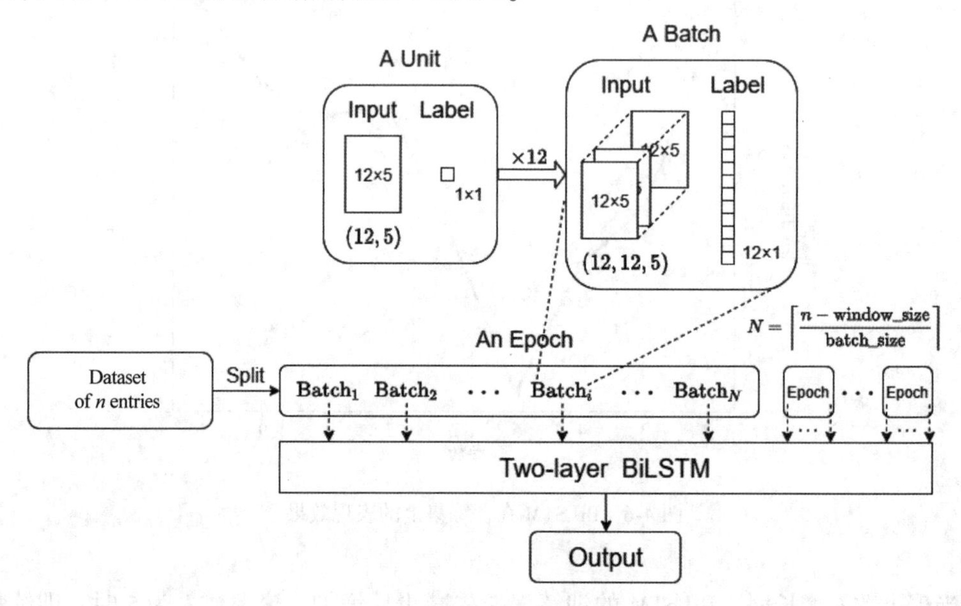

图 4-8　BiLSTM 工作流程图

训练完成后，在测试集上进行测试，得到每小时 $PM_{2.5}$浓度的预测值，与真实值进行比较，计算得到测试集 RMSE、MAE、SMAPE 和 R^2值分别为 2. 75、1. 94、14. 02%和 0. 96。为了凸显本节提出的 CEEMDAN-FE-BiLSTM 模型在 $PM_{2.5}$浓度预测的有效性，下面将其与其他模型进行对比分析。

4. 模型对比分析

本节选取 CEEMD-BiLSTM、CEEMD-SE-BiLSTM 和 CEEMD-AE-BiLSTM 作为对比模型，采用 RMSE、MAE、SMAPE 和 R^2四种评估指标对所有预测模型进行性能评估。

表 4-3 为各个模型在测试集上对每小时 $PM_{2.5}$浓度预测的性能评估情况，图4-9~图 4-11、图 4-12~图 4-14 分别从水平方向(RMSE、MAE、SMAPE)和竖直方向(R^2)上直观地对比各模型的预测效果。

表 4-3　不同模型的预测误差

模型名称	RMSE	MAE	SMAPE	R^2
BiLSTM	4. 09	2. 74	17. 49%	91. 84%

续表

模型名称	RMSE	MAE	SMAPE	R^2
EMD-BiLSTM	3.37	2.28	16.35%	94.44%
EMD-SE-BiLSTM	3.67	2.62	18.71%	93.43%
EMD-AE-BiLSTM	3.55	2.45	17.18%	93.85%
EMD-FE-BiLSTM	2.97	2.09	15.47%	95.71%
EEMD-BiLSTM	5.08	3.71	22.58%	87.38%
EEMD-SE-BiLSTM *	3.41	2.57	18.64%	94.32%
EEMD-AE-BiLSTM *	3.41	2.57	18.64%	94.32%
EEMD-FE-BiLSTM	3.26	2.45	17.96%	94.81%
CEEMDAN-BiLSTM	3.93	2.92	19.46%	92.47%
CEEMDAN-SE-BiLSTM	3.38	2.30	16.53%	94.42%
CEEMDAN-AE-BiLSTM	3.12	2.18	15.60%	95.24%
CEEMDAN-FE-BiLSTM	2.74	1.90	13.59%	96.34%

注：带 * 的 EEMD-AE-BiLSTM 与 EEMD-SE-BiLSTM 聚类结果一样，所以最后结果也一样。

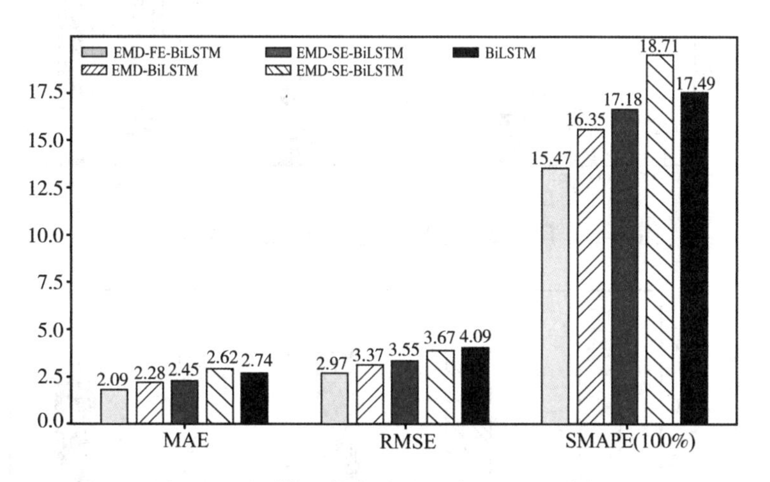

图 4-9 预测模型的水平误差对比(EMD 分解)

结果表明：

(1)利用分解-合并技术的模型效果显著优于未使用分解技术或未使用合并技术的模型，说明分解-合并技术可以有效克服 $PM_{2.5}$浓度序列非线性、波动大、噪声多对预测精度的影响，显著提高了模型的预测能力。

(2)在混合模型中，CEEMDAN 分解法比 EMD 和 EEMD 更适合 $PM_{2.5}$浓度序列的分解，分解效果：CEEMDAN>EEMD>EMD。

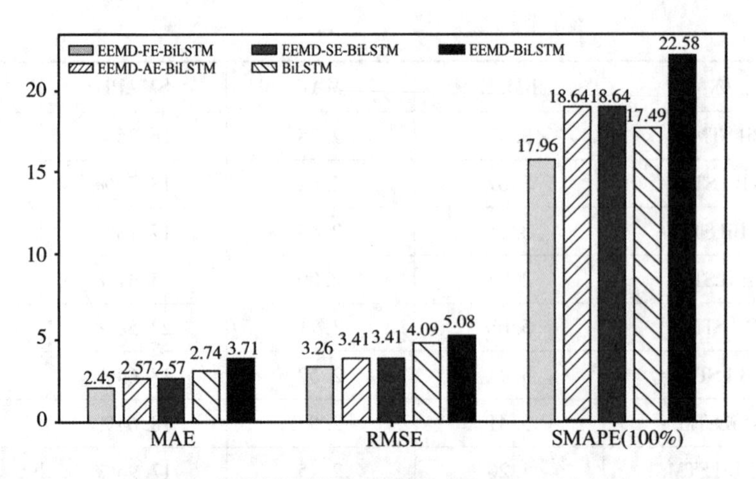

图 4-10　预测模型的水平误差对比(EEMD 分解)

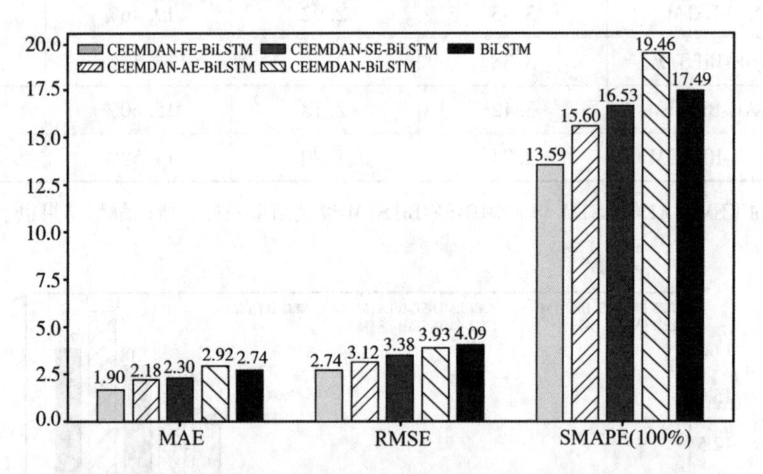

图 4-11　预测模型的水平误差对比(CEEMDAN 分解)

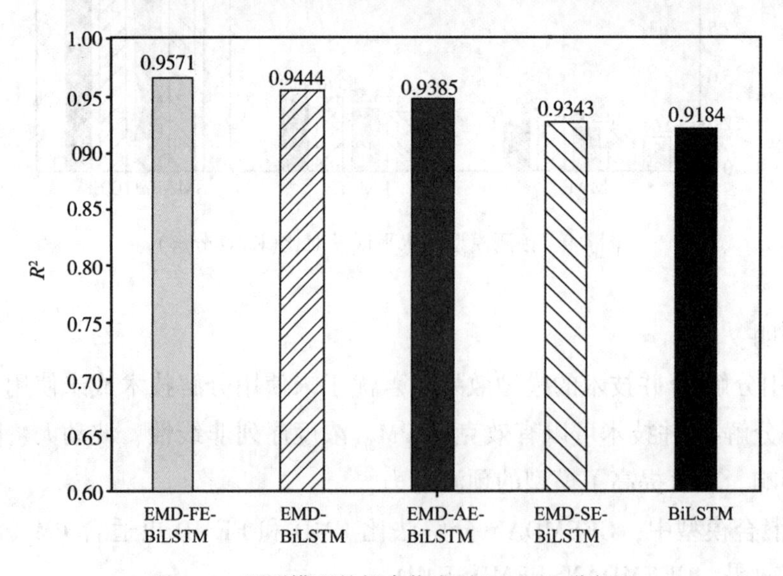

图 4-12　预测模型的拟合优度对比(EMD 分解)

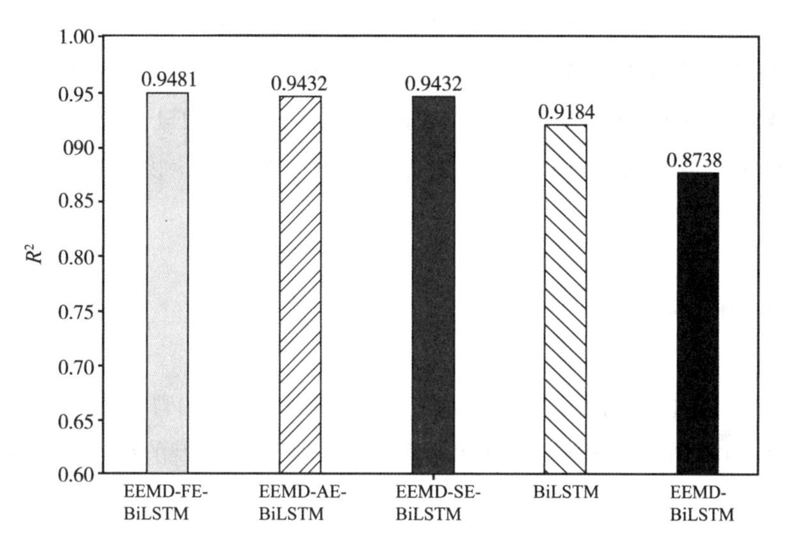

图 4-13 预测模型的拟合优度对比(EEMD 分解)

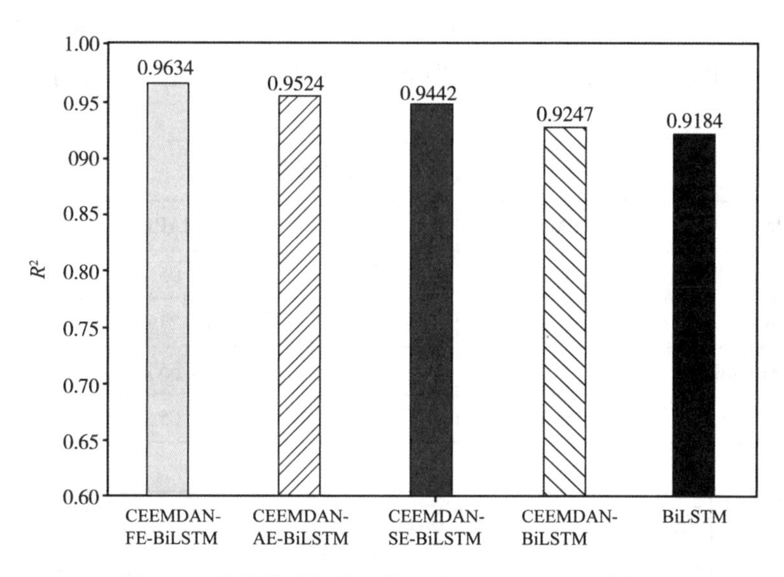

图 4-14 预测模型的拟合优度对比(CEEMDAN 分解)

(3)分解序列后的合并效果最好的是 FE 熵值法，相较于 SE 和 AE 熵值法，用到 FE 熵值法的混合模型的 SMAPE 分别降低 12.88%、17.79%，SE 和 AE 熵值法的效果相近；在 EMD 和 CEEMDAN 分解序列的情况下，AE 合并效果更好，在 EEMD 分解-合并时 SE 和 AE 熵值聚类效果一样，对于 14 个相同分解序列的合并结果一样，故最终结果一致，合并效果：FE>AE≥SE。

(4)无论从水平精度还是拟合优度上，CEEMDAN-FE-BiLSTM 的预测效果均优于其他模型，RMSE、MAE 和 SMAPE 低至 2.74、1.90 和 13.59%，R^2高达 96.34%。

(5)相较于单一模型 BiLSTM，CEEMDAN-FE-BiLSTM 模型的水平预测误差 RMSE、MAE 和 SMAPE 分别降低了 33.01%、30.66%和 22.30%，拟合优度提升 4.90%；相较于只分解未合并的 CEEMDAN-BiLSTM，CEEMDAN-FE-BiLSTM 模型的水平预测误差分别降低 30.28%、34.93%和 30.16%，拟合优度提升 4.19%，说明采用 FE 值合并能显著提升模型预测精度。

4.1.5　泛化分析

在本节中，将进一步探究 CEEMDAN-FE-BiLSTM 模型的普适性，分别基于同种类型颗粒物 PM_{10} 和不同类型物质 O_3 浓度数据集测试该混合模型的稳定性，并与其他模型作对比。

1. 在同类型的 PM_{10} 浓度数据上的预测分析

本小节使用的 PM_{10} 浓度数据是与 $PM_{2.5}$ 一同监测的，是指粒径在 10μm 以下可吸入的颗粒物，评价指标与上文提到的 RMSE、MAE 等保持不变。表 4-4 为各个模型在测试集上对每小时 PM_{10} 浓度预测的性能评估情况，图 4-15 和图 4-16 为对应直方图。

表 4-4　PM_{10} 浓度预测模型的预测误差

模型	RMSE	MAE	SMAPE	R^2
CEEMDAN-BiLSTM	8.01	5.72	14.05%	89.87%
CEEMDAN-SE-BiLSTM	7.78	4.97	16.27%	91.96%
CEEMDAN-AE-BiLSTM	7.14	4.37	18.55%	90.44%
CEEMDAN-FE-BiLSTM	5.64	3.57	14.05%	94.98%

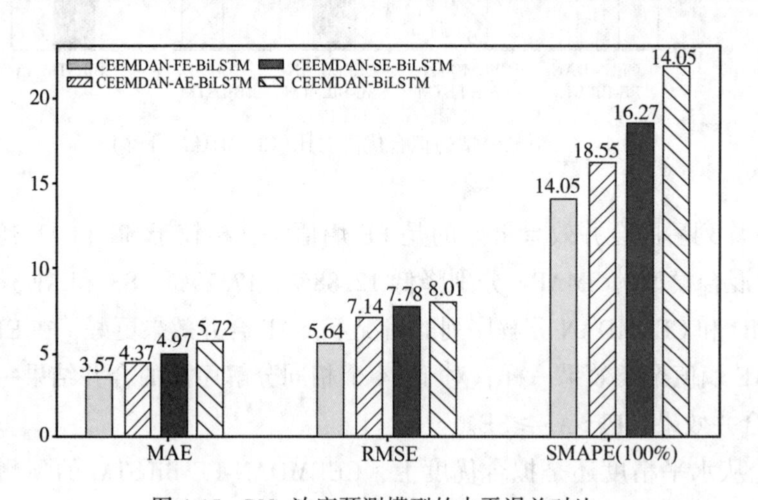

图 4-15　PM_{10} 浓度预测模型的水平误差对比

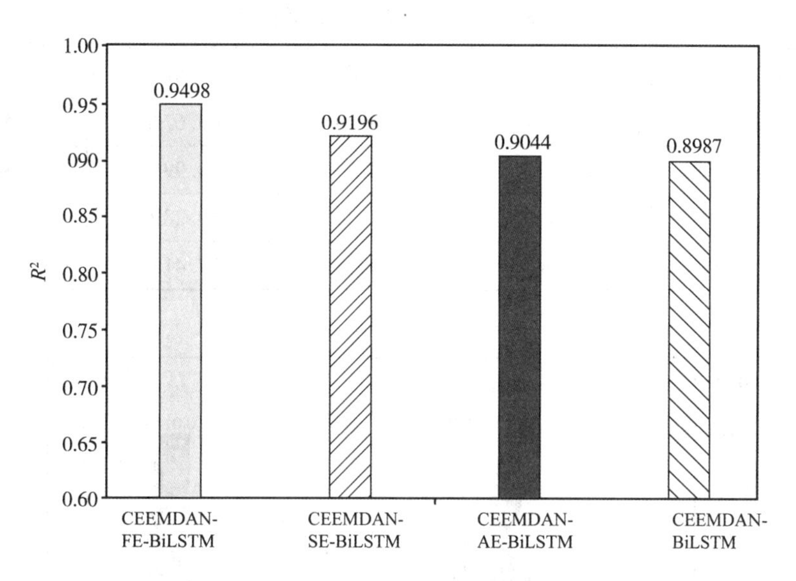

图 4-16 PM_{10}浓度预测模型的拟合优度对比

由图 4-15 和图 4-16 可知，与预测 $PM_{2.5}$浓度相比，虽然预测 PM_{10}时模型的预测精度有所下降，但 MAE 和 RMSE 相较于 $PM_{2.5}$预测模型的，两两之间相差不到 4。无论从水平精度还是拟合优度上，CEEMDAN-FE-BiLSTM 模型仍是预测效果最好的模型，RMSE、MAE 和 SMAPE 低至 5.64、3.57 和 14.05%，R^2高达 94.98%。不使用熵值将分解序列进行合并的混合模型效果最差，使用熵值合并分解序列的模型效果：FE>AE>SE，再次证明了 FE 模型合并的有效性。综上所述，相同的模型预测 PM_{10}与预测 $PM_{2.5}$的效果一致，证明了 CEEMDAN-FE-BiLSTM 在同类颗粒物上预测的有效性与准确性。

2. 在不同类型的 O_3浓度数据上的预测分析

上文证明了 CEEMDAN-FE-BiLSTM 混合模型在 PM 颗粒物预测上的适用性。本小节选取与 $PM_{2.5}$不同类的气体 O_3数据集，O_3是氧气的一种同素异形体，用上文中相同的模型预测 O_3的逐小时浓度，并使用相同的评价指标进行评价，进一步探究模型预测的稳定性。

表 4-5 为各个模型在测试集上对每一小时 O_3浓度预测的性能评估情况，图 4-17 和图 4-18 为对应直方图。延续预测 $PM_{2.5}$和 PM_{10}浓度的表现，从使用的四个评价指标来看，CEEMDAN-FE-BiLSTM 明显优于其余模型，是预测 O_3每小时浓度效果最好的模型；除了 SMAPE 的值有明显上升外，RMSE 和 MAE 值仍然很低，分别低至 0.0044 和 0.0036，R^2高达 95.61%。未使用熵值分解的模型效果最差，与预测 PM 颗粒物不同，使用 SE 值分解效果明显好于 AE 分解效果；相较于 CEEMDAN-AE-BiLSTM，CEEMDAN-SE-BiLSTM

表4-5　O_3浓度预测模型的预测误差

模型	RMSE	MAE	SMAPE	R^2
CEEMDAN-BiLSTM	0.0161	0.0140	63.67%	40.44%
CEEMDAN-SE-BiLSTM	0.0083	0.0070	43.99%	84.04%
CEEMDAN-AE-BiLSTM	0.0140	0.0122	59.28%	55.05%
CEEMDAN-FE-BiLSTM	0.0044	0.0036	27.41%	95.61%

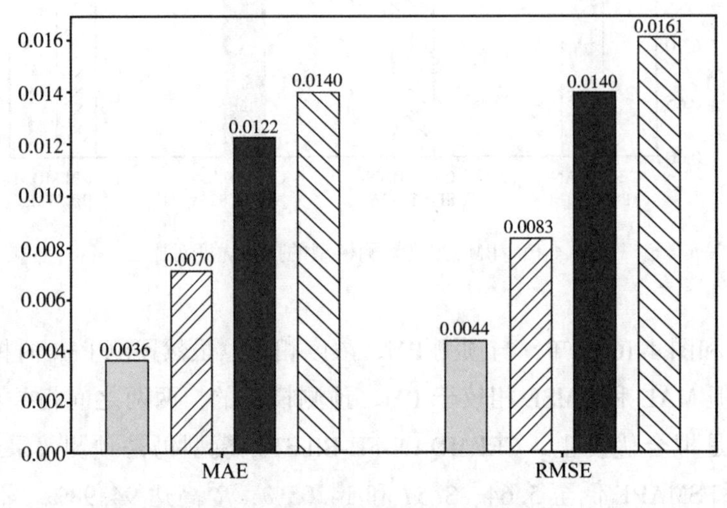

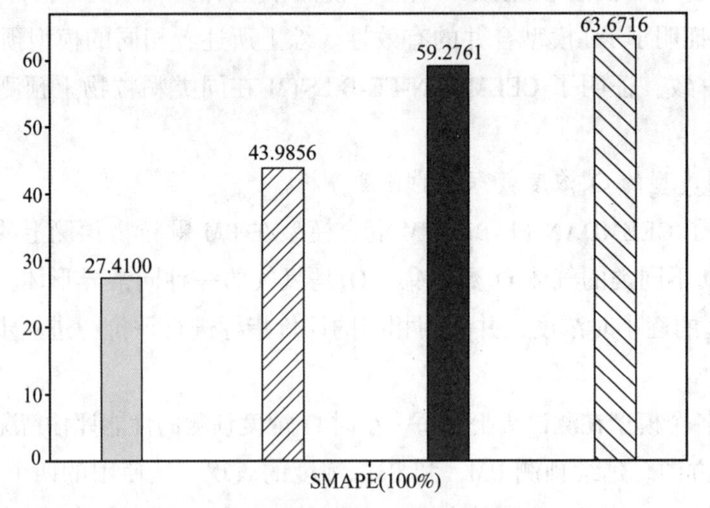

图4-17　O_3浓度预测模型的水平误差对比

模型的水平预测误差RMSE、MAE和SMAPE分别降低了40.71%、42.62%和25.79%，拟合优度提升37.47%。与预测效果排名第二位的CEEMDAN-SE-BiLSTM模型相比，

CEEMDAN-FE-BiLSTM 模型的水平预测误差 RMSE、MAE 和 SMAPE 分别降低了 46.99%、37.69%和 12.10%。故在气体浓度预测方面，FE 分解对模型的精度同样起着决定性作用。综上所述，在 O_3预测上，CEEMDAN-FE-BiLSTM 的预测精度依旧最高且拟合优度远好于其他三个模型，而其余三个模型出现了较大波动，证明了 CEEMDAN-FE-BiLSTM 混合模型预测的稳定性。

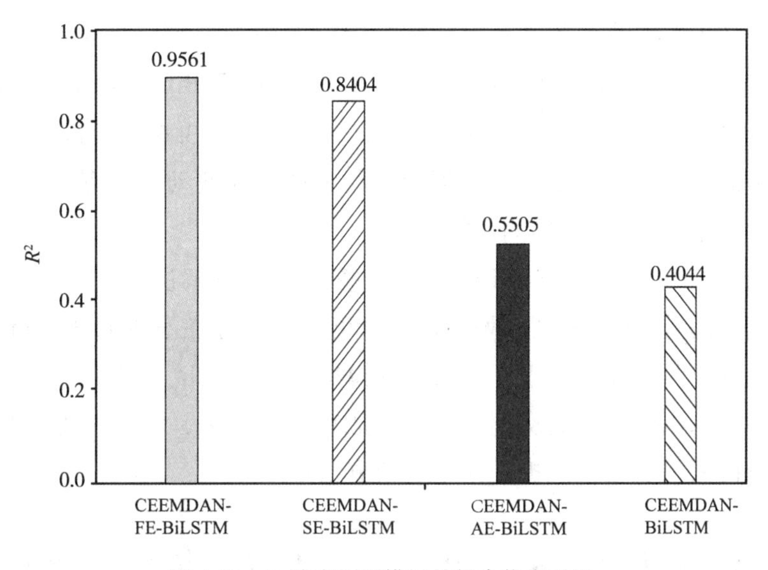

图 4-18 O_3浓度预测模型的拟合优度对比

4.1.6 小结

考虑到 $PM_{2.5}$浓度序列非线性、非平稳、噪声多等特点，本节提出基于分解-合并技术的 CEEMDAN-FE-BiLSTM 混合模型对 $PM_{2.5}$浓度进行逐小时预测。首先利用 CEEMDAN 算法对原始 $PM_{2.5}$浓度序列进行分解，得到 14 个 IMF 分量；然后根据模糊熵定义分别计算 14 个 IMF 分量的 FE 值，设置聚类数，由 K-means 聚类根据 FE 值对 IMF 分量进行合并得到新分量 Feat，输入 BiLSTM 中，以训练集 RMSE 越小越好为依据得到最优簇类数为 5，此时训练集 RMSE 仅为 4.70；最后，将 5 个新分量输入 BiLSTM 模型中，对 $PM_{2.5}$浓度进行逐小时预测。为了证明 CEEMDAN-FE-BiLSTM 模型的有效性与稳定性，将其用于预测同是 PM 颗粒物的 PM_{10}与气体 O_3的浓度。实验结果表明：

(1)使用 CEEMDAN 算法对原序列进行分解可以有效去除噪声、提取时序信息。

(2)利用熵值对 IMF 序列进行重组能显著提高 BiLSTM 模型的预测性能，在不同情况下 SE 和 AE 对序列进行合并的效果不同，利用 FE 值对 IMF 序列进行重组后 BiLSTM 的预测效果明显好于前两者，相较于 SE 和 AE 熵值法，用到 FE 熵值法的混合模型的 SMAPE 分别降低 12.88%、17.79%，即 FE 合并对模型拟合优度的提升起决定性作用。

(3)无论预测何种类型的物质，CEEMDAN-FE-BiLSTM 混合模型在水平精度和拟合优度上都显著优于其余模型并且波动不大，预测效果稳定：在预测 PM_{10}浓度时，CEEMDAN-FE-BiLSTM 的水平误差比排名第二位的模型分别降低 21.01%、18.31%和 24.26%，R^2高 5.02%；在预测 O_3浓度时，CEEMDAN-FE-BiLSTM 的水平误差比排名第二位的模型分别降低 68.57%、70.49%和 53.76%，R^2高 73.68%。这说明“CEEMDAN-FE”分解-合并技术能有效降低原始数据的不稳定性与高波动性，克服数据噪声，显著提高模型对 $PM_{2.5}$实时浓度的预测性能。

虽然提出的 CEEMDAN-FE-BiLSTM 混合模型能很好解决 $PM_{2.5}$浓度序列不规则、不稳定的特点，提升 $PM_{2.5}$浓度序列的预测精度，但仍存在不少问题有待解决。首先，本节考虑的是逐小时预测，接下来可以探究模型在未来 12h、24h 内的预测精度，进一步提升模型适用的广泛性。其次，本节只考虑单序列预测，没有考虑影响其变化的因素，加入影响因素可能会再次提升模型的预测精度。

4.2　基于 CEEMDAN-RLMD-BiLSTM-LEC 模型的 $PM_{2.5}$浓度预测

4.2.1　概述

过往进行的各类研究中 $PM_{2.5}$的预测模型主要分为数值模型、统计模型和机器学习模型三大类。其中，数值预测模型需要详细的城市废气排放量和掌握各种污染物的相关机制，以便能选择合适的物理和化学特性，来利用物质守恒原理进行模型配置[101]。但是污染物的排放很难在时空尺度上进行准确表述并在模型中实现量化，尽管 Xu 等[102]开发了基于牛顿松弛和轻推技术估算空气污染排放的新方法，但还是无法克服一些问题，诸如现有技术对天气系统的预报偏差，模式无法描述实时污染排放，以及数值模式本身的参数化方案存在误差等，因此目前的数值模型预测在对特定区域进行预测时仍然存在较大偏差。

统计模型则相对较方便、实用。Van Donkelaar 等[103]发现 $PM_{2.5}$作为气溶胶的主要成分，与悬浮在大气中的气体、液体和固体颗粒组成的多相系统(AOD)存在线性相关性，从而提议使用 AOD 对 $PM_{2.5}$浓度进行预测；Ma 等[104]等使用的地理加权回归模型对 $PM_{2.5}$进行预测，可决系数为 0.64；Zhao 等[105]等使用气溶胶光学深度数据、地面监测的气象因素(风速、温度和相对湿度)及其他气态污染物(SO_2、NO_2、CO、PM_{10}和O_3)浓度数据对 $PM_{2.5}$浓度进行多元线性回归预测，可决系数为 0.76。回归模型在一定程度上依赖各变量的数据来源和精度，一方面 $PM_{2.5}$的来源难以确定，因为在不同的地区和时间段，$PM_{2.5}$浓度存在显著差异[106]；另一方面由于 AOD 的测量噪声太大，很容易影响测量精度[107]。

近年来，随着人工智能和大数据的发展，人们注意到机器学习和深度学习模型对非线性数据拟合预测性能的优越性，于是引入进行 $PM_{2.5}$浓度预测。Zamani Joharestani[108] 采用德黑兰市区 $PM_{2.5}$浓度数据，使用了随机森林、极端梯度提升和深度学习机器学习(ML)方法对 23 个特征(包括卫星和气象数据、地面测量的 $PM_{2.5}$浓度和地理数据)进行预测，并表示使用 XGBoost 方法获得的最佳模型性能为 $R^2=0.81$；Yang 等[109]提出时空支持向量回归模型，构建了高斯矢量权函数对距离、风向等因素纳入考虑；Yu 等[110]结合快速傅里叶变换和 LSTM 神经网络建立了 $PM_{2.5}$预测模型；Wang 等[111]等使用 BP 人工神经网络对 $PM_{2.5}$进行预测，并与普通克里金插值法对比，突出了机器学习模型的优越性；Zhang 等[112]使用主成分分析法对数据进行降维，结合 BP 神经网络分析了各个季节和大气因素对 $PM_{2.5}$浓度的影响。

以经验模态分解(EMD)为代表的信号分解方法在处理非平稳信号上取得一定的成效，因此这些方法也逐渐被用于各个领域。Huang 等[113]提出基于经验模态分解的门控递归神经网络集成方法(EMD-GRU)来预测 $PM_{2.5}$浓度；Chen 等[114]采用 Spearman-Rank 分析和自适应噪声完备集合经验模态分解研究南京市细颗粒物($PM_{2.5}$)的时空分布特征以及天气因素对 $PM_{2.5}$的影响。

在其他学者的研究中，对于 $PM_{2.5}$的预测，还利用了 BiLSTM 的方法，Prihatno 等[4]建立了单密度层双向长短期记忆模型(BiLSTM)对室内环境 $PM_{2.5}$进行预测，并且结果表明其误差较低，可以用于实际研究；Wang 等[5]则利用 4 个城市的 $PM_{2.5}$数据提出基于鲁棒均值分解(RLMD)和移动窗口(MW)集成策略的多尺度混合学习框架，配合 ARIMA 与 RVM 模型实验，在预测领域有很大的价值；Ban 等[115]提出用单一模型很难完成 $PM_{2.5}$的预测任务，因此利用全自适应噪声集成经验模态分解(CEEMDAN)算法，与八种模型结合并进行比较，最终得到的组合模型结果较为优秀。Huang 等[116]在其研究中也有着相同的观点，利用复合模型进行实验，提出 CNN-LSTM 模型的精度较高，对于 $PM_{2.5}$的预测有着较显著的贡献。

基于上述研究，可以认为数值模型的预测在数据精度不强的时候误差较大，不适用于对于 $PM_{2.5}$的测量稳定度；在统计模型中，回归模型的可决系数不高，对于 $PM_{2.5}$的预测能力偏弱；在人工智能与大数据方面，单一模型对于 $PM_{2.5}$的预测程度较差，而普通的机器学习模型在实际研究中优越性并不高。为了提高预测的精确度，并将可能出现的误差最小化，采用复合模型及模态分解与鲁棒均值分解，用以优化测量的稳定性。综上，本节基于现况，提出 CEEMDAN-RLMD-BiLSTM-LEC 组合模型，对印度城市的 $PM_{2.5}$ 浓度数据进行预测，如图 4-19 所示；并与多个模型进行对比分析，发现组合分解方法相较于单一分解法更能够把握数据的本质特征，局部误差修正(LEC)能够有效限制过大的扰动所导致的预测误差问题。结果表明，CEEMDAN-RLMD-BiLSTM-LEC 组合模型相较于 RLMD 和 CEEMDAN 单一预测模型，MAE，RMSE，SAMPE 分别降低了 68.1251%，79.2331%，68.0479% 和 36.8344%，9.8737%，36.6255%，相较于 CEEMDAN-RLMD-BiLSTM 的 MAE，RMSE，SAMPE 分别降低了 33.8516%，5.0248%，31.5556%，且在泛化实验里表现良好，说明 CEEMDAN-RLMD-BiLSTM-LEC 组合模型的预测精度高，鲁棒性良好，能适应噪声较大的数据预测，且适用性较广。

4.2.2 研究方法

4.2.2.1 CEEMDAN-RLMD-BiLSTM

1. 自适应噪声完备集合经验模态分解(CEEMDAN)

由于 EMD 算法造成的“模态混叠”和 EEMD 造成的噪声残留，本节引入自适应噪声完备集合经验模态分解(CEEMDAN)算法[91]，通过自适应加入白噪声，克服了 EEMD 分解失去完备性和模态混叠的缺陷。算法中首先定义 $M_j(\cdot)$ 为 EMD 分解产生的第 j 个模态的算子，σ_0 为噪声标准差，$w^i(n)$ 为服从 $N(0,\ 1)$ 的白噪声，最后得到的分量记为 $\mathrm{IMF}_k(n)$。CEEMDAN 算法具体步骤如下：

构造信号 $x_i(n) = x(n) + \sigma_0 w^i(n)$，$i = 1,\ 2,\ \cdots,\ N$，$\sigma_0$ 为噪声标准差。先使用 EMD 分解得到每个信号的第一个模态分量为式(4-31) 和第一阶段余量 $r_1(n) = x(n) - \mathrm{IMF}_1(n)$。

$$\widetilde{\mathrm{IMF}}_1(n) = \frac{1}{N}\sum_{i=1}^{N} \widetilde{\mathrm{IMF}}_1^i(n) = \overline{\mathrm{IMF}_1}(N) \tag{4-31}$$

对信号 $r_1(n) + \sigma_1 M_1[w^i(n)]$ 进行 EMD 分解，则 CEEMDAN 的第二个模态分量为式(4-32)：

$$\widetilde{\mathrm{IMF}_2}(n) = \frac{1}{N}\sum_{i=1}^{N} M_1\{r_1(n) + \sigma_1 M_1[w^i(n)]\} \tag{4-32}$$

设分解层数为 K，计算其余每个阶段的第 k 个余量信号和第 $k+1$ 个模态分量，计算过程如式(4-33) ~ 式(4-34) 所示。

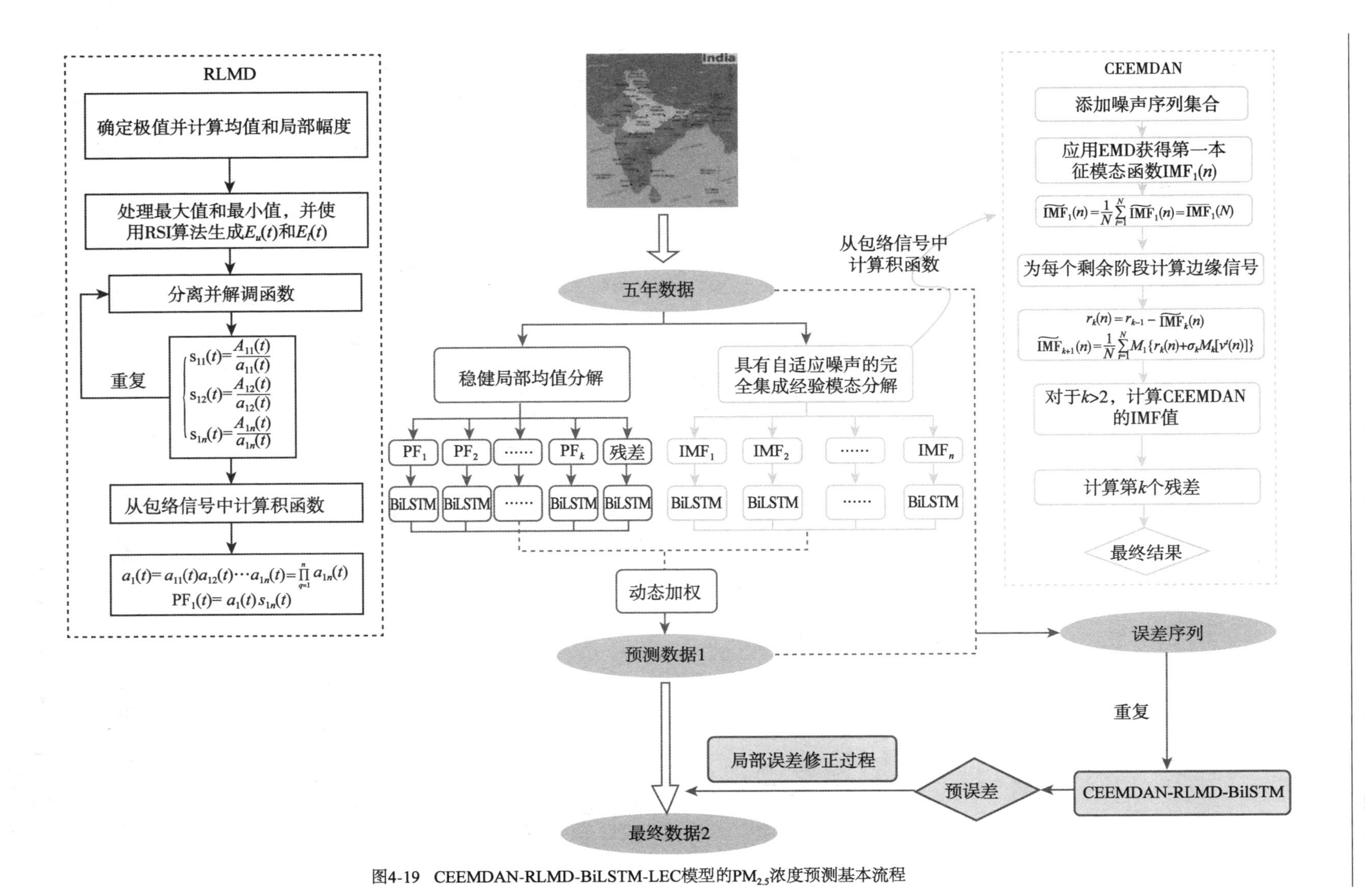

图4-19　CEEMDAN-RLMD-BiLSTM-LEC模型的$PM_{2.5}$浓度预测基本流程

$$r_k(n) = r_{k-1} - \widetilde{\mathrm{IMF}}_k(n) \tag{4-33}$$

$$\widetilde{\mathrm{IMF}}_{k+1}(n) = \frac{1}{N}\sum_{i=1}^{N} M_1\{r_k(n) + \sigma_k M_k[v^i(n)]\} \tag{4-34}$$

执行上述步骤至余量信号不满足 EMD 分解条件或极值点个数不超过两个。算法结束时，所有模态分量个数为 K，最终余量信号为式(4-35)：

$$R(n) = x(n) - \sum_{k=1}^{K} \widetilde{\mathrm{IMF}}_k \tag{4-35}$$

原序列 $x(n)$ 最终分解为式(4-36)：

$$x(n) = \sum_{k=1}^{K} \widetilde{\mathrm{IMF}}_k + R(n) \tag{4-36}$$

2. 鲁棒局部均值分解(RLMD)

LMD 是基于 EMD 改进的算法，是将信号分解成一系列的乘积函数分量(PF)。当每个 PF 分量从原始信号中分离出来时，可得到信号的残差分量 $u_k(t)$，这说明原始信号可看作残差分量和所有 PF 分量的和，即

$$x(t) = \sum_{p=1}^{k} pF_p(t) + u_k(t) \tag{4-37}$$

LED 分解步骤如下：

(1) 确定信号 x_t 中的所有极值点 n_i，$i = 1, 2, \cdots, N$，并计算均值 m 和局部幅值 a_i，见式(4-38)。

$$\begin{aligned} m_i &= \frac{n_i + n_{i+1}}{2} \\ a_i &= \frac{|n_i - n_{i+1}|}{2} \end{aligned} \tag{4-38}$$

(2) 采用样条插值方法对所有的极大值、极小值分别进行处理。然后，利用 RSI 算法构造上、下包络函数 $E_u(t)$、$E_l(t)$，并求局部均值函数 $m_{11}(t)$ 和局部包络函数 $a_{11}(t)$，见式(4-39)。

$$\begin{aligned} m_{11}(t) &= \frac{E_u(t) + E_l(t)}{2} \\ a_{11}(t) &= \frac{|E_u(t) + E_l(t)|}{2} \end{aligned} \tag{4-39}$$

(3) 从 $x(t)$ 中分离 $m_{11}(t)$，见式(4-40)。

$$h_{11}(t) = x(t) - m_{11}(t) \tag{4-40}$$

(4) 将 $h_{11}(t)$ 除以包络函数 $a_{11}(t)$ 得到解调后的 $s_{11}(t)$，见式(4-41)。

$$s_{11}(t)=\frac{h_{11}(t)}{a_{11}(t)} \tag{4-41}$$

(5) 重复上述步骤，直到出现纯调频信号 $s_{1n}(t)$，纯调频信号 $s_{1n}(t)$ 计算方式如式(4-42) 所示。

$$\begin{cases} s_{11}(t)=\dfrac{h_{11}(t)}{a_{11}(t)} \\ s_{12}(t)=\dfrac{h_{12}(t)}{a_{12}(t)} \\ \vdots \\ s_{1n}(t)=\dfrac{h_{1n}(t)}{a_{1n}(t)} \end{cases} \tag{4-42}$$

该分量的包络信号 $a_1(t)$，即式(4-43)。

$$a_1(t)=a_{11}(t)\,a_{12}(t)\cdots a_{1n}(t)=\prod_{q=1}^{n}a_{1q}(t) \tag{4-43}$$

(6) 计算第一个乘积函数 $PF_1(t)$，见式(4-44)。

$$PF_1(t)=a_1(t)\,s_{1n}(t) \tag{4-44}$$

(7)$u_1(t)$ 作为下一个循环的初始信号，直至 $u_k(t)$ 只剩下一个极值点或为单调函数时则停止分解，见式(4-45)。

$$\begin{cases} u_1(t)=x(t)-PF_1(t) \\ u_2(t)=u_1(t)-PF_2(t) \\ \vdots \\ u_k(t)=u_{k-1}(t)-PF_k(t) \end{cases} \tag{4-45}$$

(8) 通过上述循环迭代可将信号 $x(t)$ 表示为式(4-46)：

$$x(t)=\sum_{p=1}^{k}PF_p(t)+u_k(t) \tag{4-46}$$

LMD 的主要影响因素主要有 3 点，分别是边界条件、包络估计和筛选的停止准则。而鲁棒性均值算法(RLMD)的具体优化步骤如下：①边界条件，采用镜像扩展算法确定信号的左端和右端的对称点；②包络估计，根据统计理论得到最佳子集；③筛选停止原则，最小化误差函数，则 RLMD 可以自动确定移动平均算法的固定子集大小和筛选过程中的最佳筛选迭代次数，因此成为时频分析的有效工具[117]。

3. BiLSTM

相对于传统单向 LSTM 神经网络，在原来基础上增加一个反向的 LSTM 层可使得其拥有双向传播的循环结构[118]。BiLSTM 允许通过双向网络传递和反馈隐含层过去和未来的状态，构建模式如图 4-20 所示。

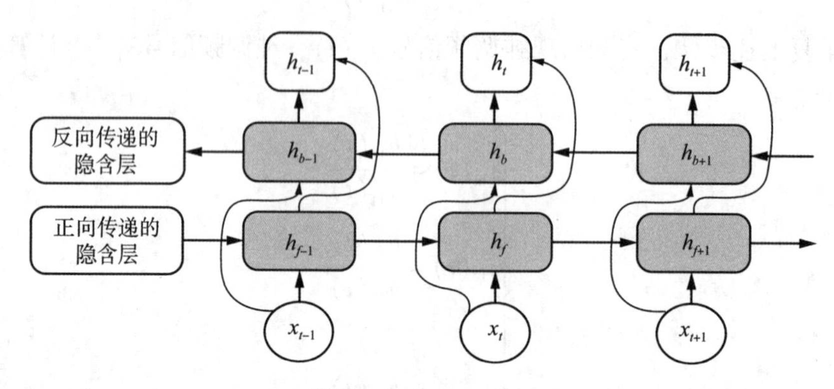

图 4-20　BiLSTM 流程

通过式(4-47)对 BiLSTM 进行解释：

$$\begin{cases} h_f = \text{LSTM}(x_i,\ h_{f-1}) \\ h_b = \text{LSTM}(x_t,\ h_{b-1}) \\ h_t = w_t h_f + v_t h_b + b_t \end{cases} \tag{4-47}$$

式中，x_i 为输入；h_f 是正向传递的隐含层状态；h_b 是反向传递的隐含层状态；h_t 为隐含层状态；w_t 为正向传递隐含层输出权重；v_t 为反向传递的隐含层输出权重；b_t 为误差值。

4. 动态加权法

CEEMDAN 有效解决了 EMD 算法的模态混叠问题和端点效应，对原信号的特征信息提取更加充分，但存在噪声冗余和虚假分量的问题，而 RLMD 能有效解决其中的虚假分量问题，对 CEEMDAN 实现优化。因此，本节通过动态加权法将二者的预测结果有机结合。CEEMDAN-RLMD-BiLSTM 预测结果为 $\text{pred}(t)$：

$$\text{pred}(t) = w_1\text{pred}_1(t) + w_2\text{pred}_2(t) \tag{4-48}$$

式中，$\text{pred}_1(t)$ 为 CEEMDAN 预测结果，$\text{pred}_2(t)$ 为 RLMD 预测结果；w_1 和 w_2 为权值。计算权值方法为令初始 $w_1=1$，$w_2=0$，步长变化为 0.01，以此求出对应的 $\text{pred}(t)$，以均方根误差(RMSE)为评判标准，取 RMSE 最小时对应的权值为最终结果。

4.2.2.2　局部误差修正(LEC)

由于影响 $PM_{2.5}$ 浓度的扰动过大容易造成监测数据的突变，本节引入一种误差修正方法 LEC 对预测产生的误差值序列进行预测，从而实现对初始预测值的校正。

定义存在前后两个 $t-1$ 时刻与 t 时刻，其对应的 $PM_{2.5}$ 求差值的绝对值记为 γ：

$$\gamma = |x(t) - x(t-1)| \tag{4-49}$$

式中，$x(t)$ 为 t 时刻 $PM_{2.5}$ 的真实值；$x(t-1)$ 为 $t-1$ 时刻 $PM_{2.5}$ 浓度的真实值。当 γ 满足 $\gamma \geqslant a$ 时，将该状态称为局部突变状态，t 时刻对应的 $PM_{2.5}$浓度点称为局部突变点。如果 t 时刻对应的 $PM_{2.5}$点为局部突变点，进行如下校正：

$$x_{\text{correct}}(t) = \text{pred}(t) + \text{err}_{\text{pred}}(t) \tag{4-50}$$

式中，$x_{\text{correct}}(t)$ 为 t 时刻校正后的 $PM_{2.5}$预测值；$\text{pred}(t)$ 为 t 时刻的初始预测值；$\text{err}_{\text{pred}}(t)$ 为时刻 t 的误差预测值，由预测得到的误差序列 $\text{err}(t)$ 通过 CEEMDAN-RLMD-BiLSTM 模型求出。

4.2.3 实证分析

1. 数据说明

西班牙数据科学家 Fedesoriano 从 www.iqair.com 整理了印度 2017 年至 2019 年每小时的 $PM_{2.5}$浓度数据，本节选取该数据集中 2019 年 6 月 4 日至 2022 年 6 月 4 日共 23956 个数据点进行实证分析。

2. 评价指标

本节选取平均绝对值误差（MAE）、均方根误差（RMSE）和平均绝对百分比误差（SMAPE）作为模型评价指标。计算公式见式（4-51）~式（4-53）。

$$\text{MAE} = \frac{1}{n}\sum_{i=1}^{n} |y_i - \hat{y}_i| \tag{4-51}$$

$$\text{RMSE} = \sqrt{\frac{1}{n}\sum_{i=1}^{n} (y_i - \hat{y}_i)^2} \tag{4-52}$$

$$\text{SMAPE} = \frac{100\%}{n}\sum_{i=1}^{n} \frac{|\hat{y}_i - y_i|}{\frac{|\hat{y}_i| + |y_i|}{2}} \tag{4-53}$$

式中，y_i 为第 i 个观测值；$\hat{y}_i$ 表示第 i 个预测值；$\bar{y}$ 表示平均值；n 为数据量。

3. 模型对比

为评估本节提出模型的性能，本节选取了多个模型进行对比：

（1）传统机器学习算法模型：支持向量回归模型（SVR）。

（2）神经网络模型：反向传递神经网络（BPNN）、长短时记忆神经网络（LSTM）、门控循环单元网络（BIGRU）和双向长短时记忆神经网络（BiLSTM）、门控循环单元网络（BIGRU）。

（3）组合模型：CEEMDAN-BiLSTM、RLMD-BiLSTM、CEEMDAN-RLMD-BiLSTM。

由于 $PM_{2.5}$ 浓度变化的敏感性和不确定性，本节每个模型的输入步长分为 3、6、9、12，即将前 3h、6h、9h、12h 的观测数据输入为下一时刻的预测值。预测模型中的超参数和分解技术中的超参数主要通过试错法选定。此外，对于 BiLSTM 神经网络，本节采用均方误差作为损失函数，并使用自适应动量估计方法(Adam)对权重进行优化。算法基于 MATLAB 和 Python 实现。

4. 分解结果

基于 $PM_{2.5}$ 浓度特征的复杂性和序列的非平稳性，对原始数据进行适当的分解，则对于后续预测意义重大。本节利用两种分解方法——自适应噪声完备集合经验模态分解(CEEMDAN)和鲁棒局部均值分解(RLMD)，分别将原始序列分解为多个具有不同频率模式的波动分量 IMF_i 和若干个乘积函数 PF_i 及一个残余分量，对二者进行对比。

在图 4-21、图 4-22 中，从上到下依次呈现从高频到低频、残余分量的 IMF 和原始

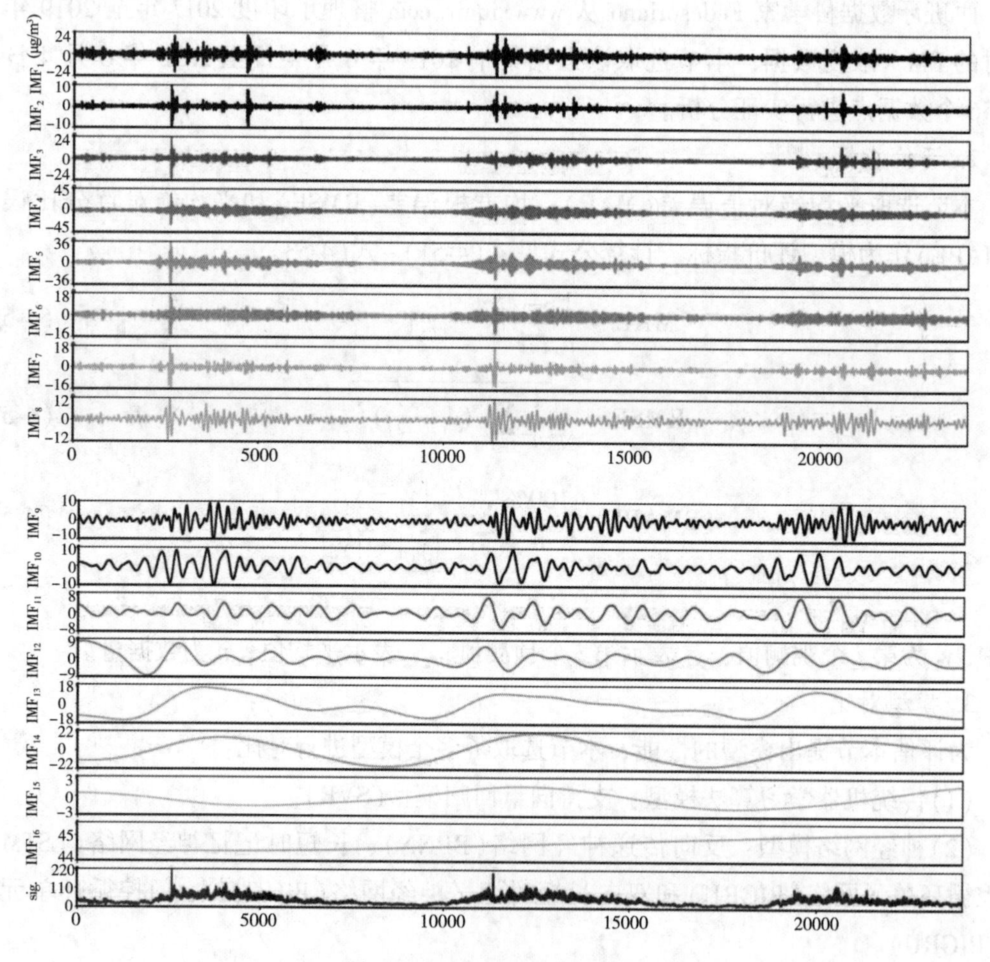

图 4-21　CEEMDAN 分解结果

$PM_{2.5}$浓度信号，CEEMNDA 共分解 16 个 IMF 分量，RLMD 共分解 5 个 PF 分量和一个残余分量。为进一步分析两种分解算法的分解效果，注意到各分量呈现明显的非线性特征，本节使用 copula 熵求算出不同分量及原序列两两之间的相关系数，如图 4-23、图 4-24 所示。

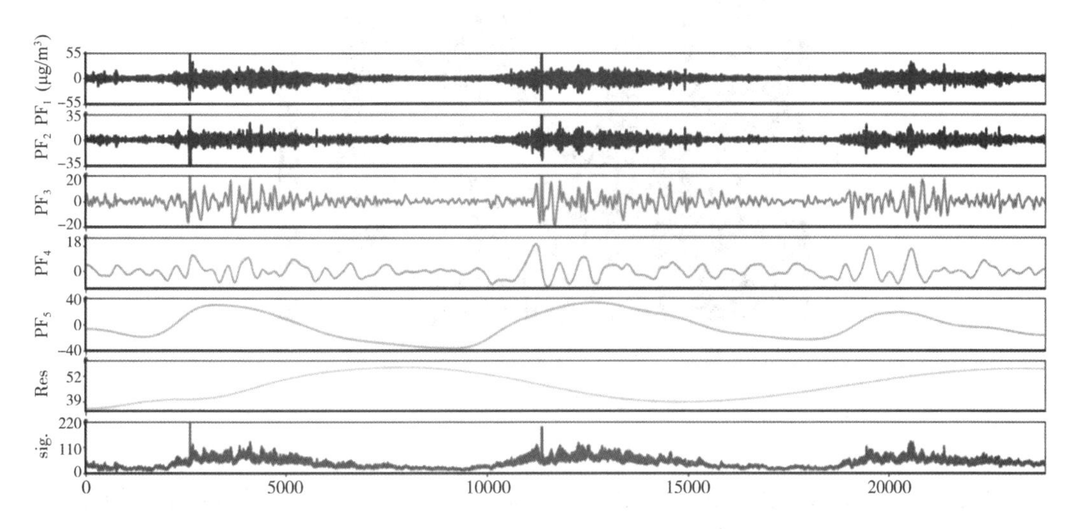

图 4-22 RLMD 分解结果

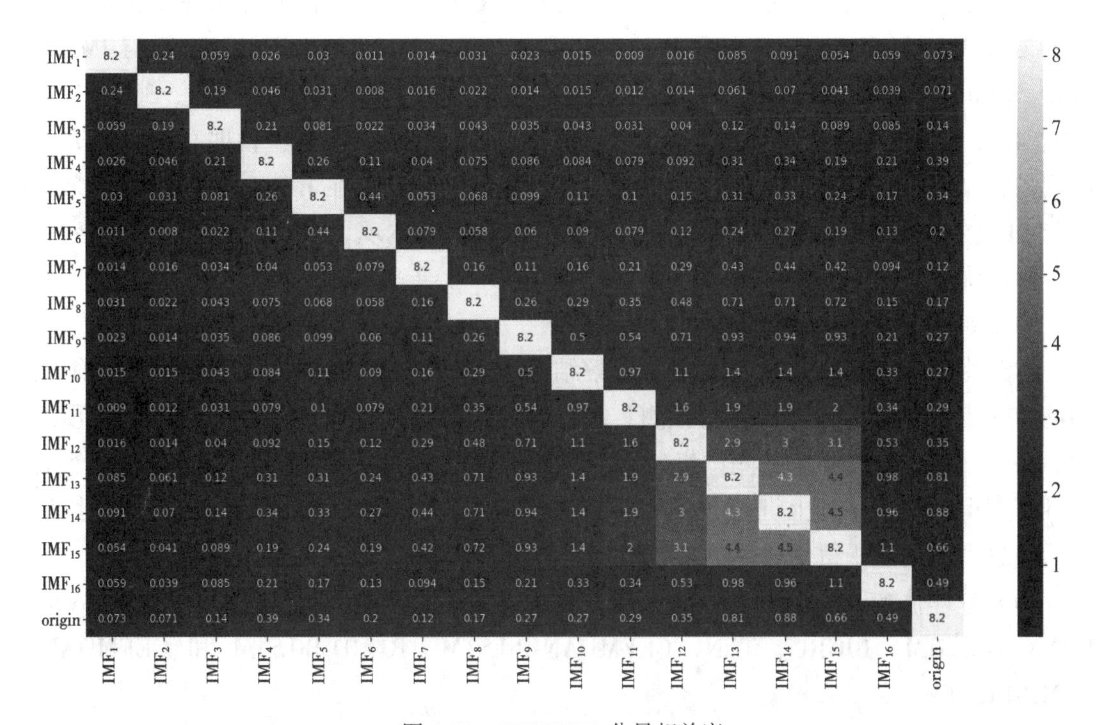

图 4-23 CEEMNDA 分量相关度

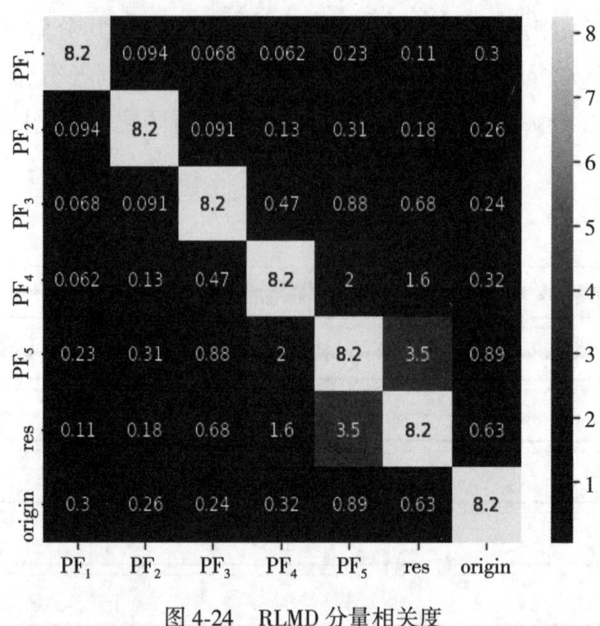

图 4-24　RLMD 分量相关度

值得注意的是，CE 求得的全阶相关性相比于皮尔逊系数、斯皮尔曼系数所求得的二阶相关性，能更好挖掘数据之间的相关性特征[119]。对于 CEEMDAN 与 RLMD 分解，靠后的分量相较于靠前的分量与原始序列相关性更大，说明靠前的分量在重构部分中主要为噪声。在 CEEMDAN 分解中，IMF_{12}与 IMF_{13}、IMF_{12}与 IMF_{14}、IMF_{12}与 IMF_{15}、IMF_{13}与 IMF_{14}、IMF_{13}与 IMF_{15}、IMF_{14}与 IMF_{15}之间的相关系数分别为 2. 9、3. 0、3. 1、4. 3、4. 4、4. 5，可以认为这四个分量之间存在一定的正相关关系，说明存在分量冗余的现象，以及 CEEMDAN 分解时容易产生虚假分量的问题；在 RLMD 分解中，残余分量与 PF_5 的相关性为 3. 5，其余不存在明显的相关性，体现了 RLMD 对非平稳序列完全分解的优势。

5. 预测结果

本节将上节 CEEMDAN 和 RLMD 分解结果分别通过 BiLSTM 神经网络按照训练集为前 70%，测试集为后 30%进行预测。综合各分量的结果，得到两种分解算法的预测值。注意到训练阶段不涉及测试集数据，因此涉及的分解只使用训练集的数据，然后对训练集得到的子序列上训练预测模型，这样可以避免训练期间测试集数据的泄露。随后经过多次调试，得到最优的参数选择，并进行预测。

为充分评估本节所提出模型的性能，将上述多个模型进行对比，其中包括 SVR、BPNN、BiLSTM、BIGRU、TCN、CEEMDAN-BiLSTM、RLMD-BiLSTM 和 CEEMDAN-RLMD-BiLSTM。

1) 预测精度分析

各模型预测结果如表 4-6 所示。

表 4-6　多模型预测结果

步长	模型	MAE	RMSE	SMAPE
3 step	SVR	3.1360	6.4779	0.0634
	BPNN	2.7727	4.3961	0.0616
	LSTM	2.5953	4.0575	0.0577
	GRU	7.9145	10.8970	0.1868
	BiLSTM	2.5554	4.0099	0.0526
	RLMD-BiLSTM	2.2643	6.1917	0.0505
	CEEMDAN-BiLSTM	1.1966	1.7982	0.0266
	CEEMDAN-RLMD-BiLSTM	1.1309	1.6185	0.0201
	CEEMDAN-RLMD-BiLSTM-LEC	**0.7787**	**1.1912**	**0.0176**
6 step	SVR	6.5070	11.1875	0.1327
	BPNN	4.2331	5.9348	0.0981
	LSTM	2.4258	3.9192	0.0540
	GRU	7.5012	10.5568	0.1784
	BiLSTM	2.2471	5.6190	0.0503
	RLMD-BiLSTM	2.1318	3.4354	0.0475
	CEEMDAN-BiLSTM	1.1335	1.3896	0.0252
	CEEMDAN-RLMD-BiLSTM	1.1109	1.3210	0.0215
	CEEMDAN-RLMD-BiLSTM-LEC	**0.8811**	**1.2202**	**0.0199**
9 step	SVR	10.1446	14.9267	0.2186
	BPNN	2.9594	4.6129	0.0650
	LSTM	2.3139	3.7644	0.0517
	GRU	12.3007	15.8697	0.3172
	BiLSTM	2.2496	3.4931	0.0503
	RLMD-BiLSTM	2.1482	5.4871	0.0479
	CEEMDAN-BiLSTM	1.0828	1.2837	0.0241
	CEEMDAN-RLMD-BiLSTM	1.0612	1.2209	0.0211
	CEEMDAN-RLMD-BiLSTM-LEC	**0.6819**	**1.1609**	**0.0152**

续表

步长	模型	MAE	RMSE	SMAPE
12 step	SVR	12.7155	17.3869	0.2862
	BPNN	2.9367	4.1345	0.0644
	LSTM	2.3544	3.8043	0.0528
	GRU	10.419	14.234	0.2596
	BiLSTM	2.5697	4.0366	0.0620
	RLMD-BiLSTM	2.1622	5.5338	0.0482
	CEEMDAN-BiLSTM	1.0911	1.2751	0.0243
	CEEMDAN-RLMD-BiLSTM	1.0419	1.2100	0.0225
	CEEMDAN-RLMD-BiLSTM-LEC	**0.6892**	**1.1492**	**0.0154**

在所有实验中，本节提出的 CEEMDAN-RLMD-BiLSTM-LEC 模型预测得到最小的 MAE，RMSE 和 SMAPE，均为所有模型评价指标中的最优值。结果表明，CEEMDAN-RLMD-BiLSTM-LEC 模型在预测精度上优于其他对比模型。而在输入的四类步长中，MAE 和 SMAPE 最小的均是 9 step，RMSE 最小的为 12 step。

首先以 12 step 为例，CEEMDAN-RLMD-BiLSTM-LEC 的 RMSE 为 1.1492，均远小于 SVR、BPNN、LSTM、GRU、BiLSTM、RLMD-BiLSTM。同样地，指标 MAE 和 SMAPE 也遵循相同的规律。注意到 GRU 的性能显著低于 LSTM，而 LSTM 的性能低于 BiLSTM，基于 GRU 模型在 LSTM 模型的基础上作了简化，在样本数据足够的情况下性能可能弱于 LSTM，BiLSTM 相较于 LSTM 多了一层反向 LSTM，体现了双向传递的优越性。因此，本节对比模型中并没有涉及 GRU 和 LSTM 相关的模型，至于 BPNN，SVR 在时序预测上性能显著弱于上述模型，不再赘述。

其次，组合分解模型相较于单一分解模型的性能有了显著的提升，预测误差更小，稳定性更强。以 9 step 为例，CEEMDAN-RLMD-BiLSTM 的 SMAPE 相较于 CEEMDAN-BiLSTM 和 RLMD-BiLSTM 分别降低了 7.4074% 和 53.3200%，且注意到 RLMD 虽然实现了完全分解，但特征提取不完全，预测误差较大，而 CEEMDAN 虽然存在虚假分量，但特征提取完全，预测误差较小，进一步说明组合预测模型能够实现算法互补，把握原始序列特征的本质，显著提高预测精度。

最后，实验表明，LEC 过程所有步长预测求得 RMSE 最小所得到的阈值均为 12，说明在两个相邻时间点的 $PM_{2.5}$ 浓度差值高于 12 时，CEEMDAN-RLMD-BiLSTM 的预测精度会受到一定的影响，需要进行 LEC。以 12 step 为例，在 LEC 之后的预测结果

RMSE 减少 11.3306%，MAE 和 SMAPE 减少高达 33.8516%和 31.5556%，说明 LEC 大幅提高了模型预测的稳定性，减少了 $PM_{2.5}$浓度的随机波动导致的误差。

以 9 step、12 step 为例，各模型 $PM_{2.5}$浓度预测曲线和原序列的曲线图如图 4-25、图 4-26 所示。值得注意的是，CEEMDAN-RLMD-BiLSTM-LEC 与原序列曲线最拟合，有力地证明了 CEEMDAN-RLMD-BiLSTM-LEC 模型的优越性。

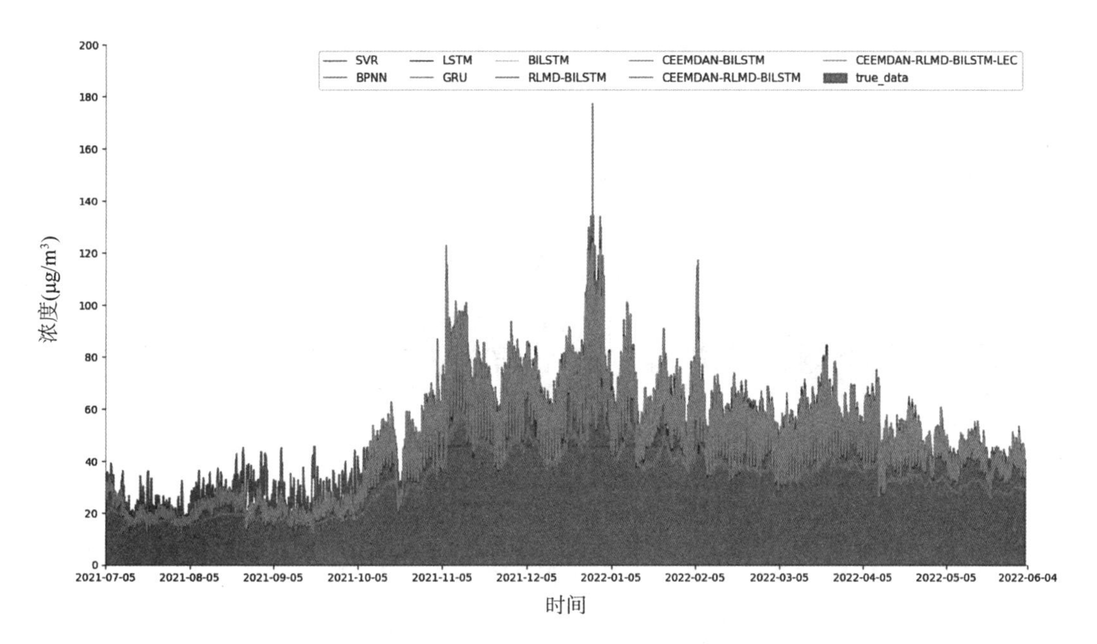

图 4-25 模型对比(9 step)

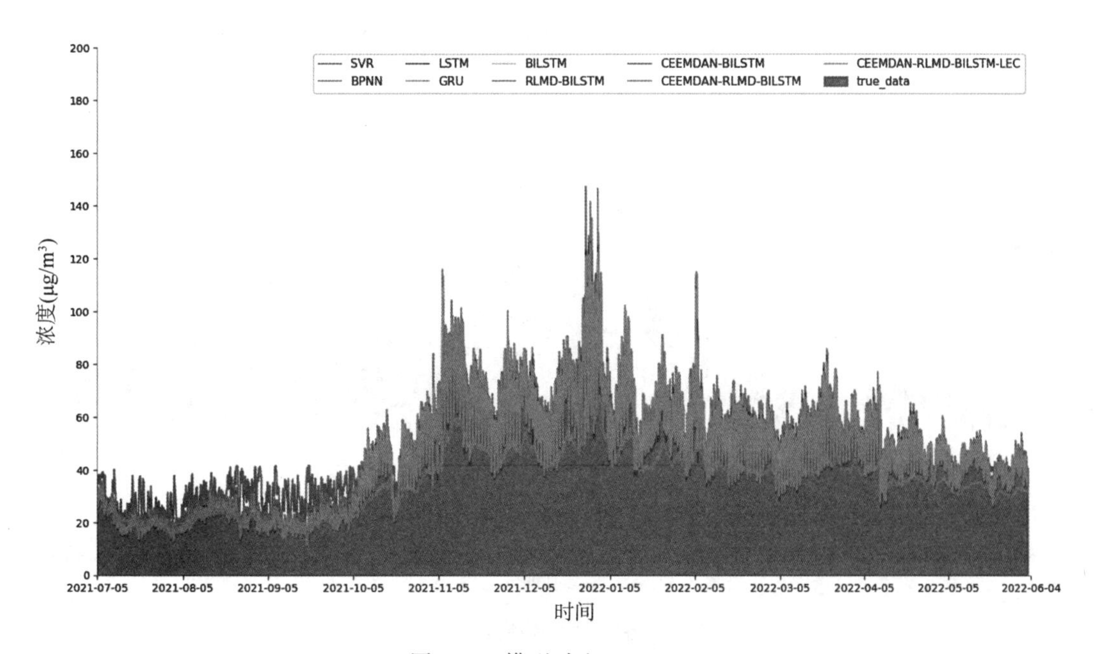

图 4-26 模型对比(12 step)

2）预测误差分析

本节对预测误差进行进一步分析。以 9 step 和 12 step 为例，图 4-27、图 4-28 展示了 8 个对比模型和本节模型在不同时间点上的预测误差。可见 CEEMDAN-RLMD-BiLSTM-LEC 在每个时间点上的预测误差均分布于 0 附近且远小于其他模型在对应时间

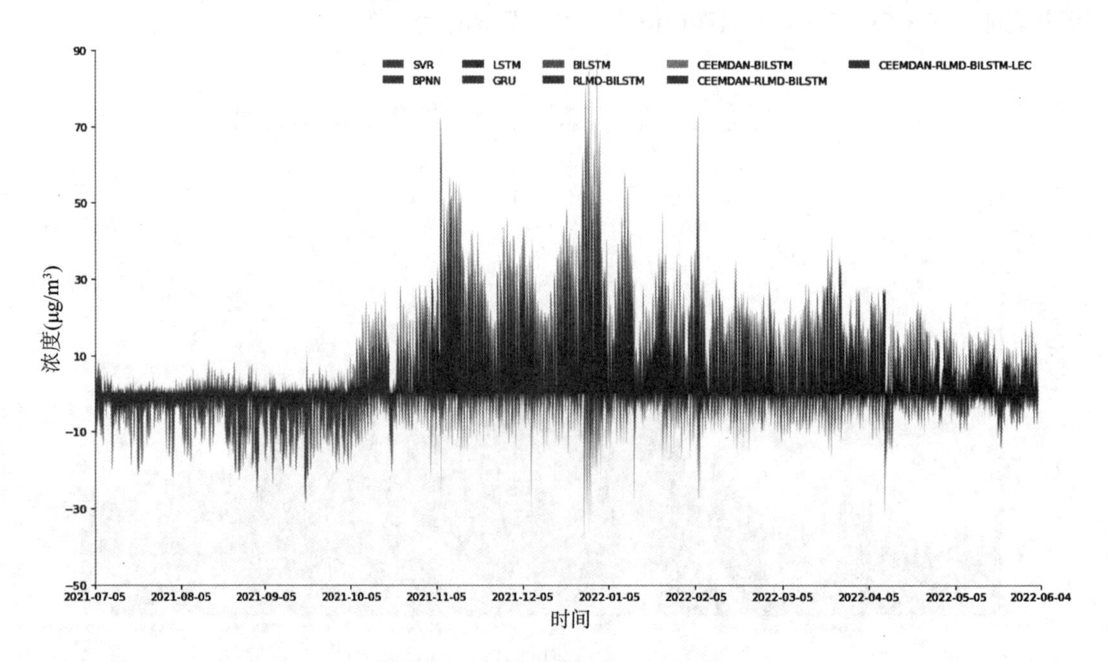

图 4-27　各时间点预测误差(9 step)

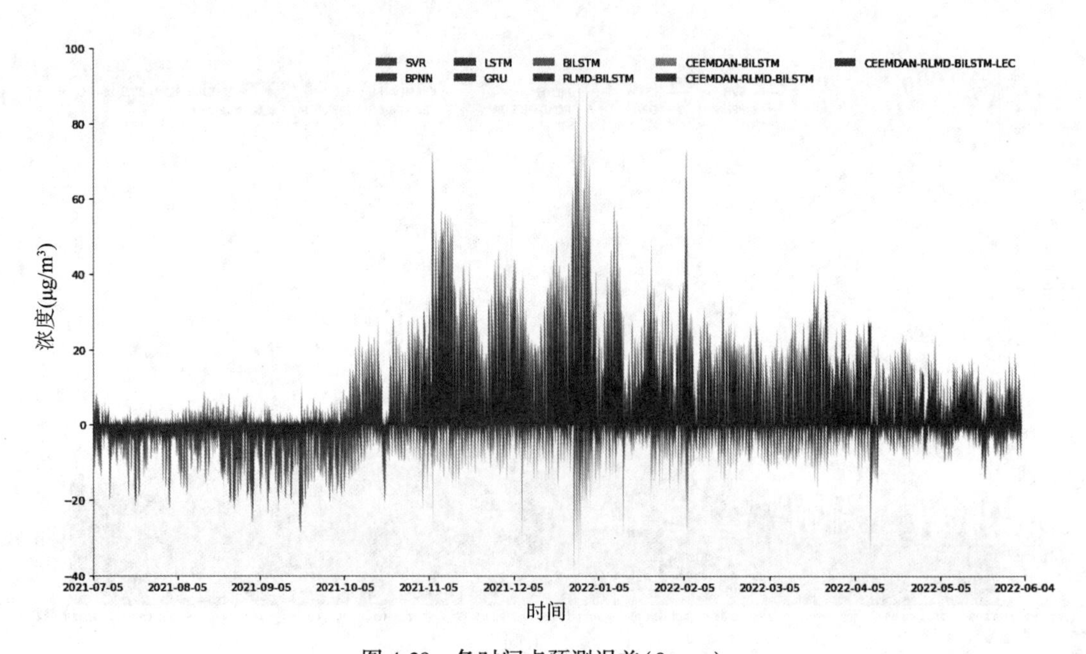

图 4-28　各时间点预测误差(9 step)

点上的预测误差。图 4-29 和图 4-30 展示了本节中涉及所有模型的误差频率分布直方图及核密度曲线图。可见目标模型的误差值集中分布于 0 附近，变化幅度较小，且小误差概率在两类步长实验中均为最高峰度，验证了 CEEMDAN-RLMD-BiLSTM-LEC 的精确性和稳健性。

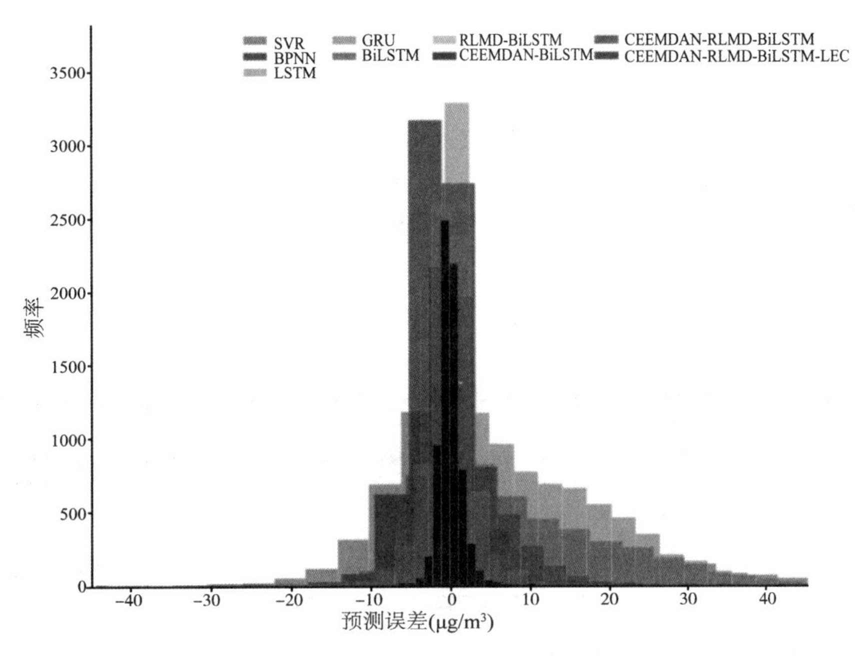

图 4-29　误差频率分布直方图

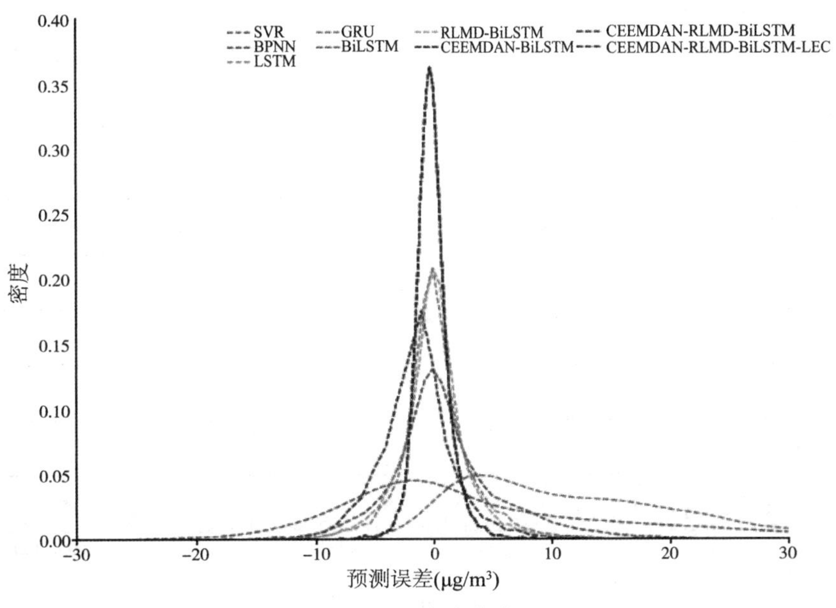

图 4-30　核密度曲线图

4.2.4　泛化分析

为测试模型的对不同的数据是否仍然具有精确性和稳健性，本节中将采取 9 step，12 step 对北京市 1001A 站点 2022 年 2 月 12 日 10 时至 2022 年 12 月 6 日 14 时的 $PM_{2.5}$ 浓度监测数据进行实验分析。

1. 分解结果

如图 4-31、图 4-32 所示，RLMD 分解结果为 5 个 PF 分量和一个残余分量，CEEMDAN 分解结果为 14 个 IMF 分量，两种分解算法及原数据两两之间的 CE 相关系数如图 4-33、图 4-34 所示。由此可见，分解效果与上文中所分析的分解效果遵循相同规律，不再赘述。

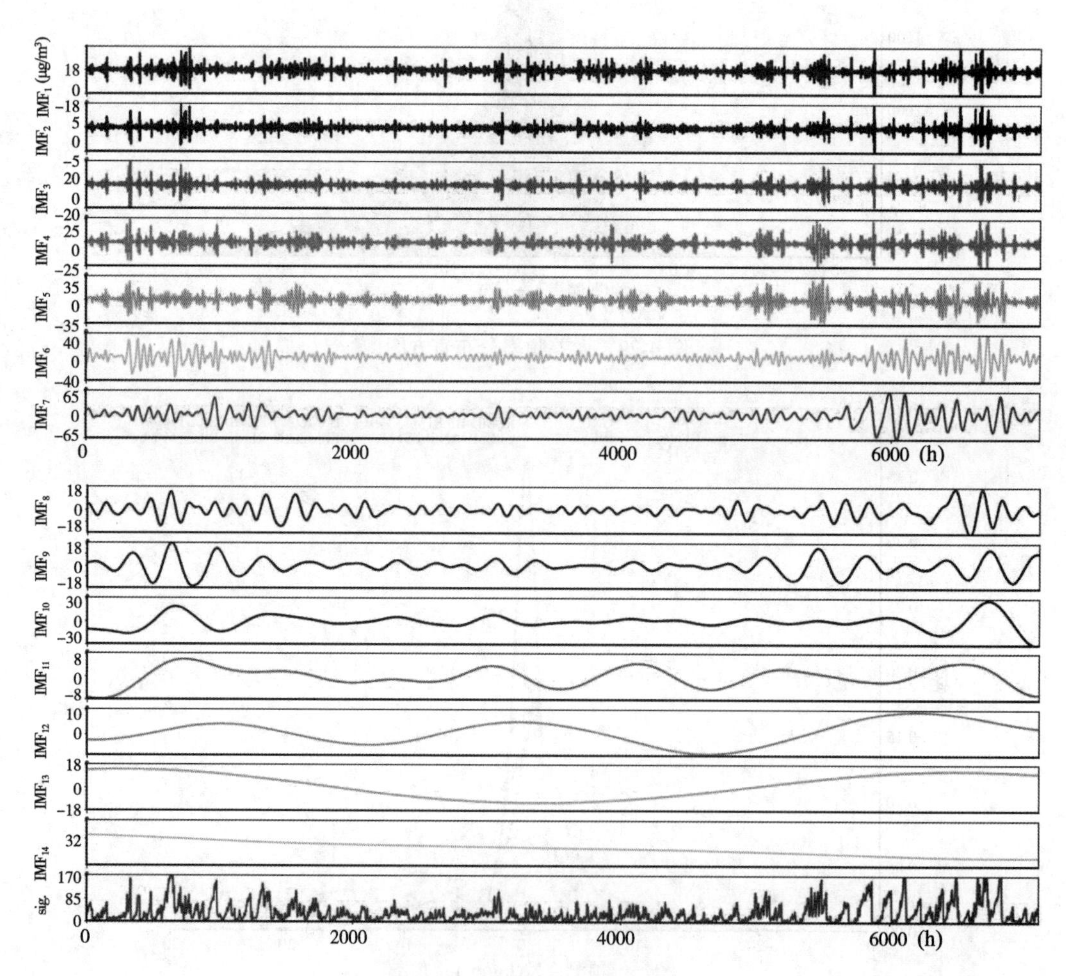

图 4-31　CEEMDAN 分解结果

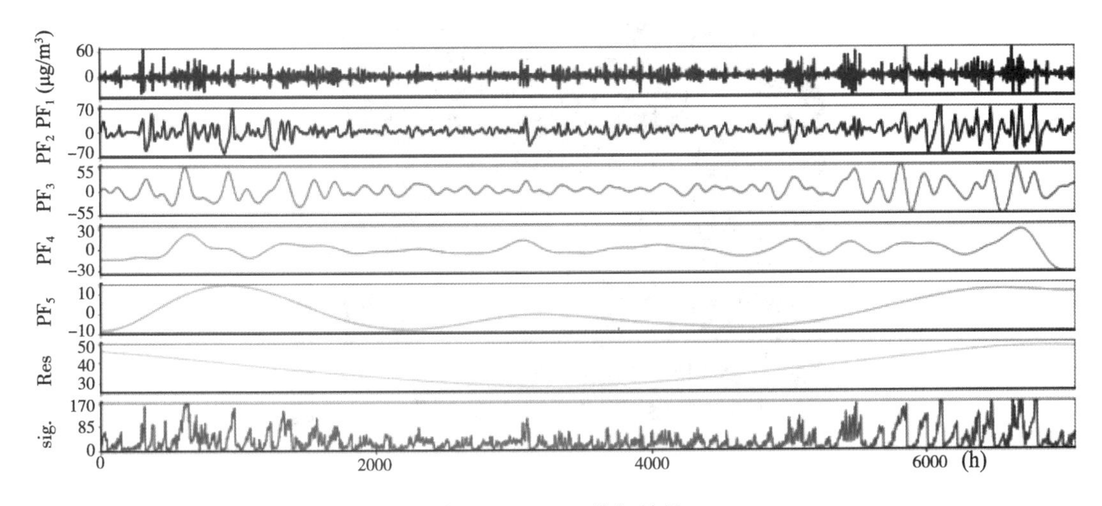

图 4-32 RLMD 分解结果

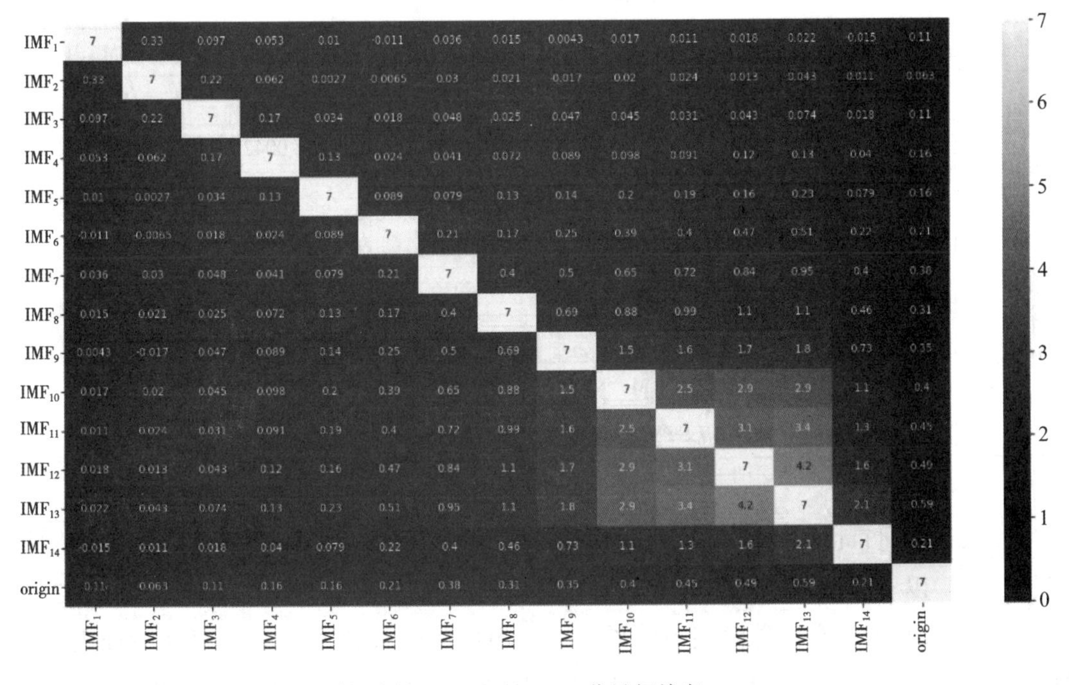

图 4-33 CEEMDAN 分量相关度

2. 预测结果分析

基于上述结论，在本节中将选取 RLMD-BiLSTM、RLMD-BiLSTM、CEEMDAN-RLMD-BiLSTM 和 CEEMDAN-RLMD-BiLSTM-LEC 进行对比分析。结果如表 4-7 所示。

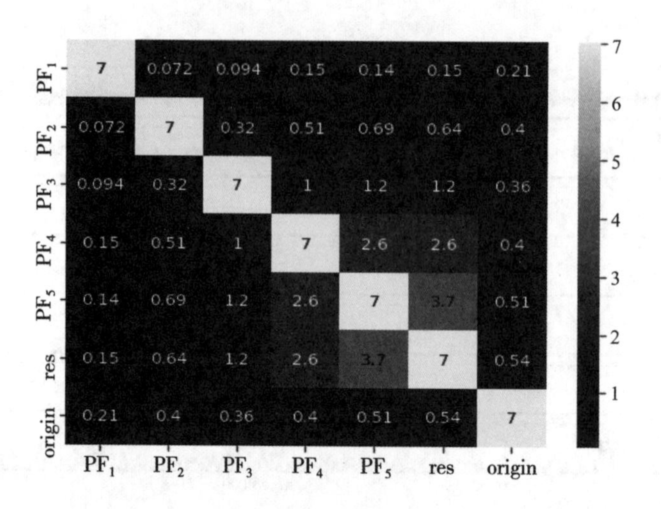

图4-34 RLMD分量相关度

表4-7 多模型预测结果

步长	模 型	MAE	RMSE	SMAPE
9 step	RLMD-BiLSTM	4.6689	7.2767	0.1072
	CEEMDAN-BiLSTM	2.8546	4.0042	0.0644
	CEEMDAN-RLMD-BiLSTM	2.7027	3.8236	0.0611
	CEEMDAN-RLMD-BiLSTM-LEC	**1.9776**	**3.1942**	**0.0448**
12 step	RLMD-BiLSTM	4.5920	7.3186	0.1061
	CEEMDAN-BiLSTM	3.1211	4.6748	0.0710
	CEEMDAN-RLMD-BiLSTM	2.9838	4.3451	0.0681
	CEEMDAN-RLMD-BiLSTM-LEC	**2.2732**	**3.7281**	**0.0518**

注意到在北京市1001A站点所监测的 $PM_{2.5}$浓度数据实验中，仍然遵循上述所得出的结论：以9 step为例，RLMD分解预测方法MAE为4.6689，RMSE为7.2767，SMAPE为0.1072，在四种模型中效果最差，精度较低，证明RLMD存在特征提取不完全的缺陷；结合CEEMDAN后，MAE、RMSE、SMAPE分别为2.7027、3.8236、0.0611，较RLMD分解预测分别降低了42.1127%、47.4542%、43.0037%，较CEEMNDA分解预测分别降低了5.3212%、16.4609%、5.1242%，证明CEEMDAN-RLMD分解预测较单一，分解预测可以更完整地对数据特征进行提取和保留；经过LEC后，CEEMDAN-RLMD-BiLSTM-LEC较CEEMDAN-RLMD-BiLSTM的MAE、RMSE、SMAPE分别降低了26.8287%、16.4609%、26.6776%，证明LEC可以有效克服对

$PM_{2.5}$随机扰动，使模型能适应数据剧变的情况，对数值弹性大的数据有很好的预测效果。在 12 step 的预测中遵循同样规律。

为证明所提出模型的预测拟合效果，图 4-35、图 4-36 展示了四种模型与原始序列的时序曲线。结果表明，CEEMDAN-RLMD-BiLSTM-LEC 基本覆盖原序列曲线，说明与原序列的拟合性最强。

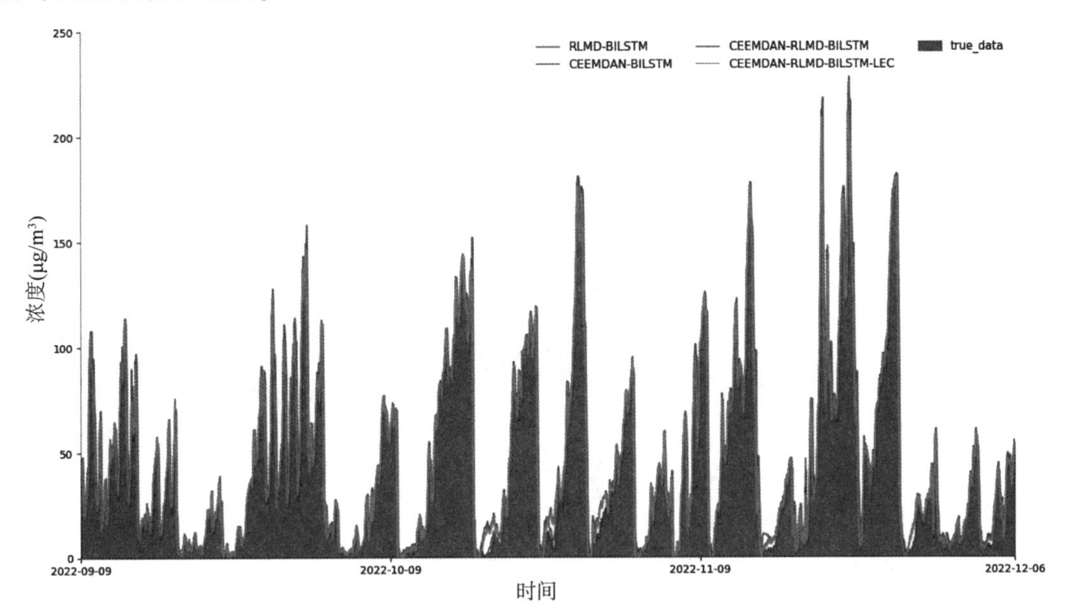

图 4-35　模型对比(9 step)

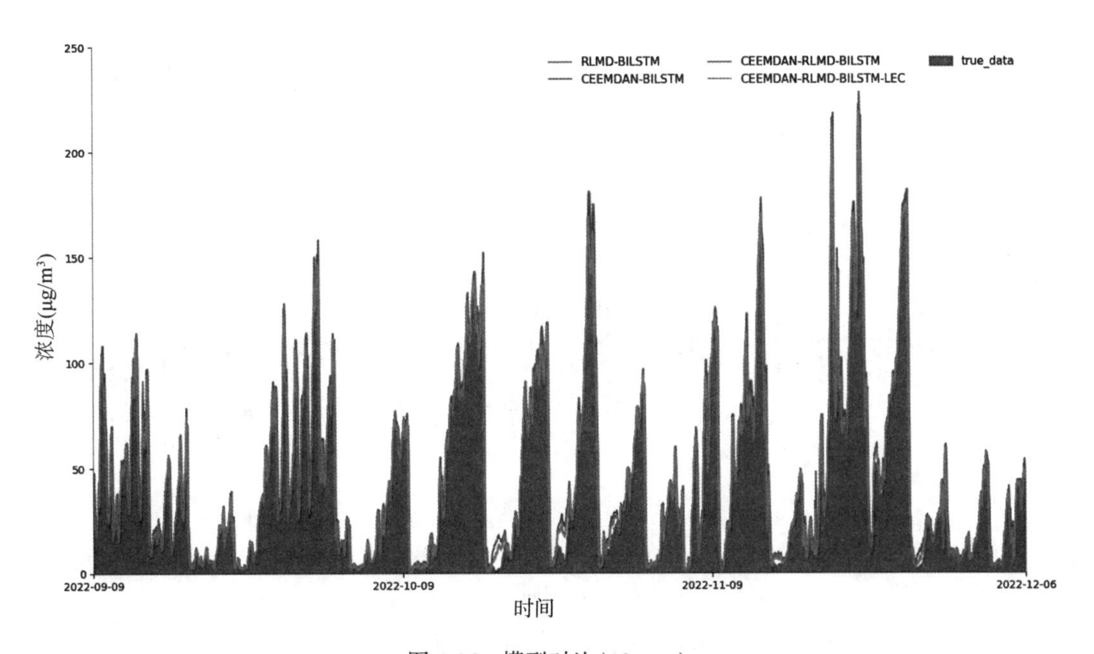

图 4-36　模型对比(12 step)

3. 预测误差分析

本节进一步对实验误差进行分析。图 4-37 和图 4-39，图 4-38 和图 4-40 分别展示了 9 step，12 step 的各时间点预测误差图、频率分布直方图及核密度曲线。可知 CEEMDAN-RLMD-BiLSTM-LEC 在每个时间点上的预测误差均集中分布于 0 附近，核密度曲线峰值远高于其他模型，基本服从正态分布，波动较小且预测误差远小于其他模

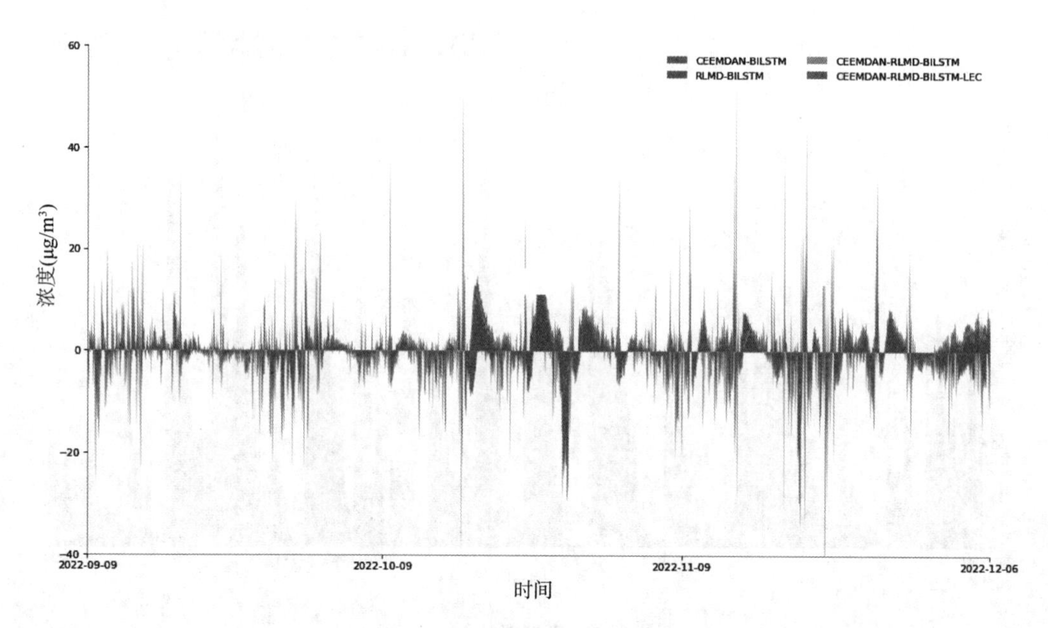

图 4-37　各时间点预测误差(9 step)

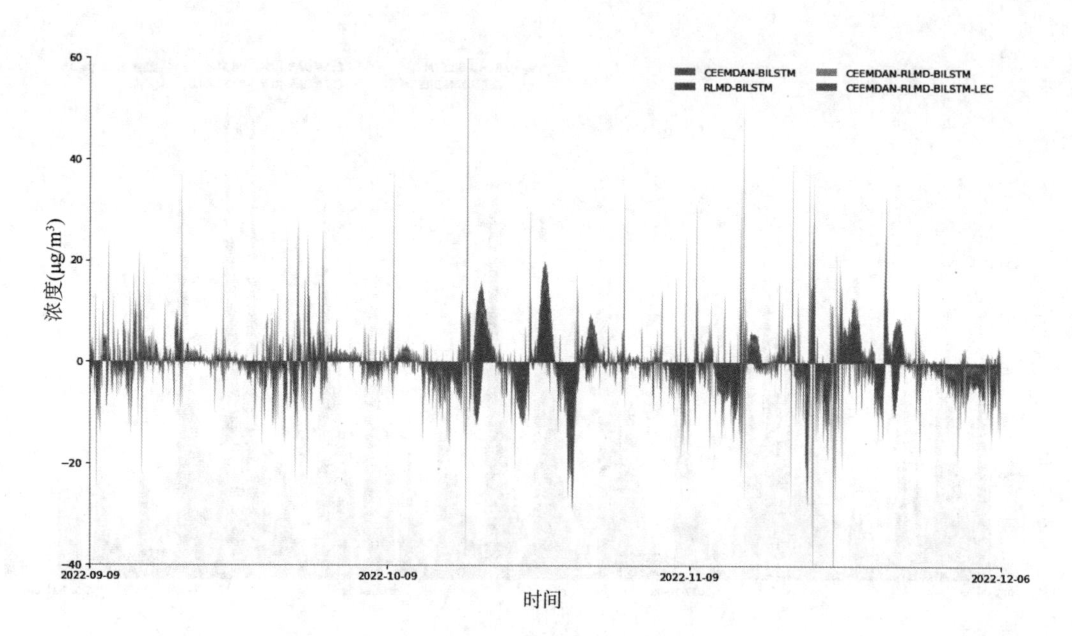

图 4-38　各时间点预测误差(12 step)

型预测误差。综上所述，本节提出的 CEEMDAN-RLMD-BiLSTM-LEC 具有很高的精确性和稳定性，且能适应噪声较大、干扰较强的数据，具有良好的鲁棒性和泛化能力。

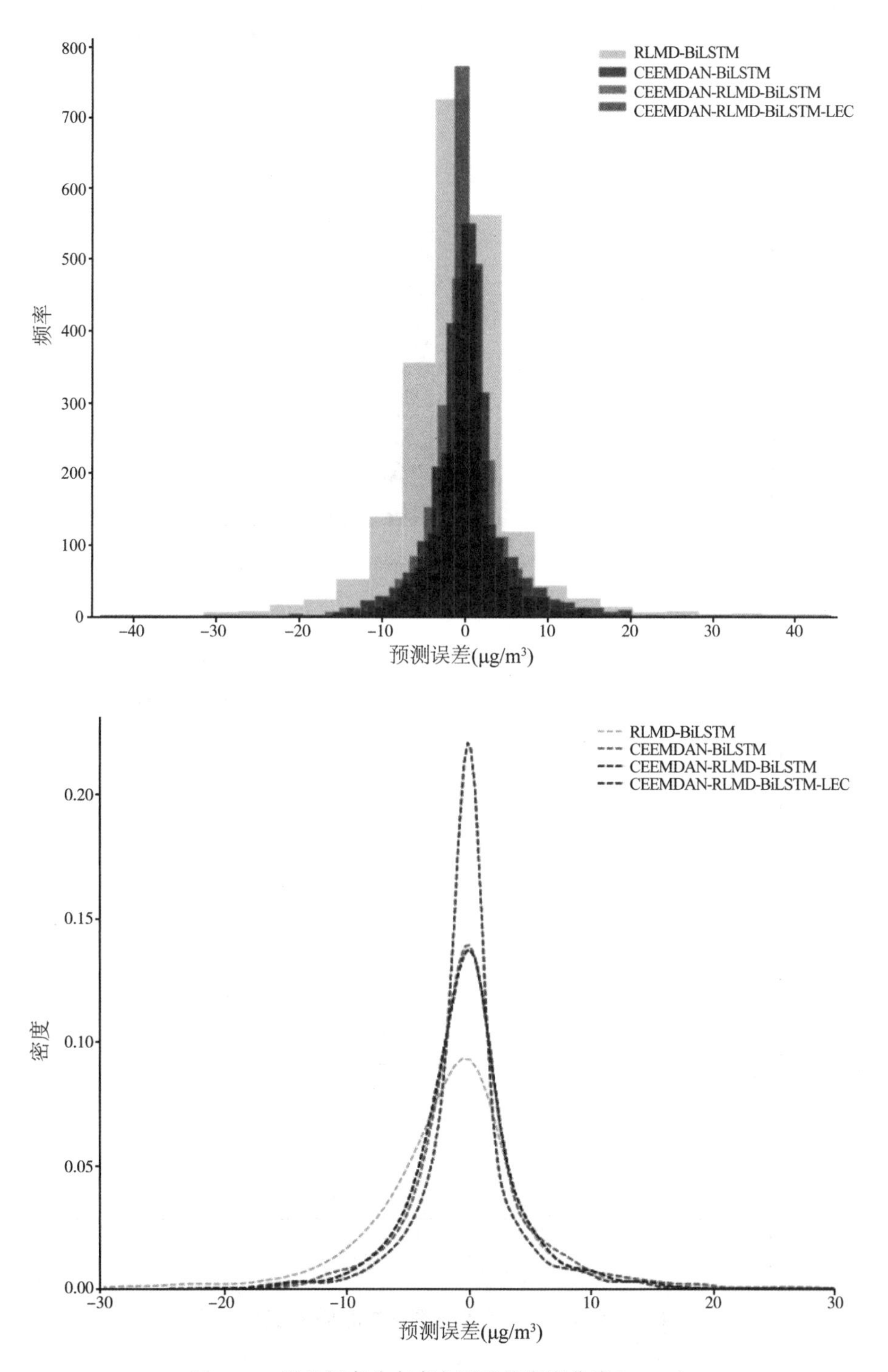

图 4-39 误差频率分布直方图及核密度曲线(9 step)

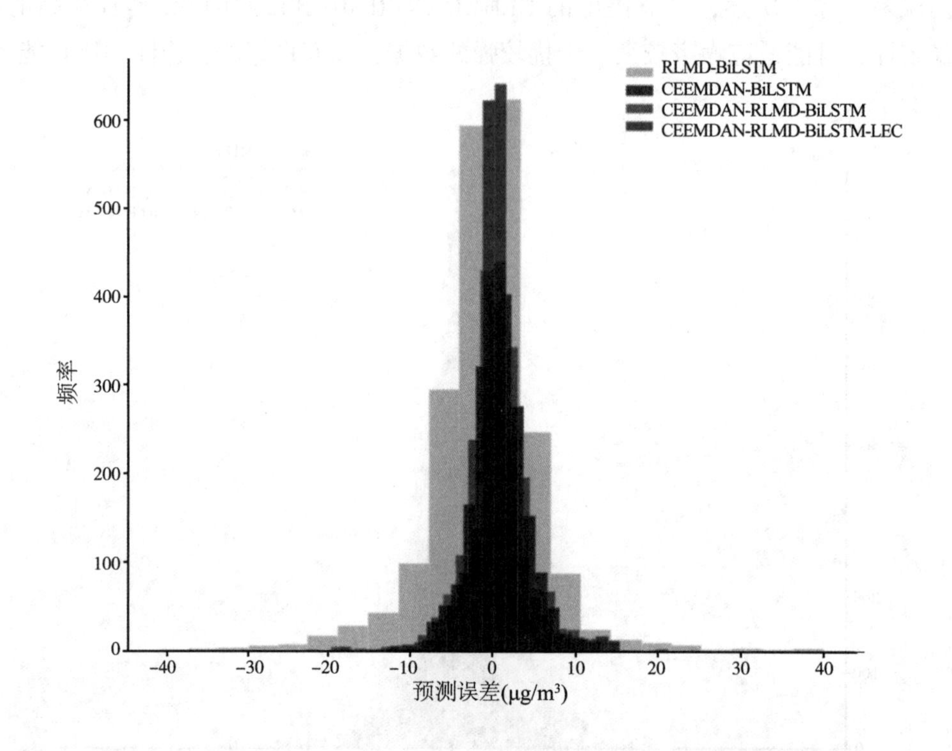

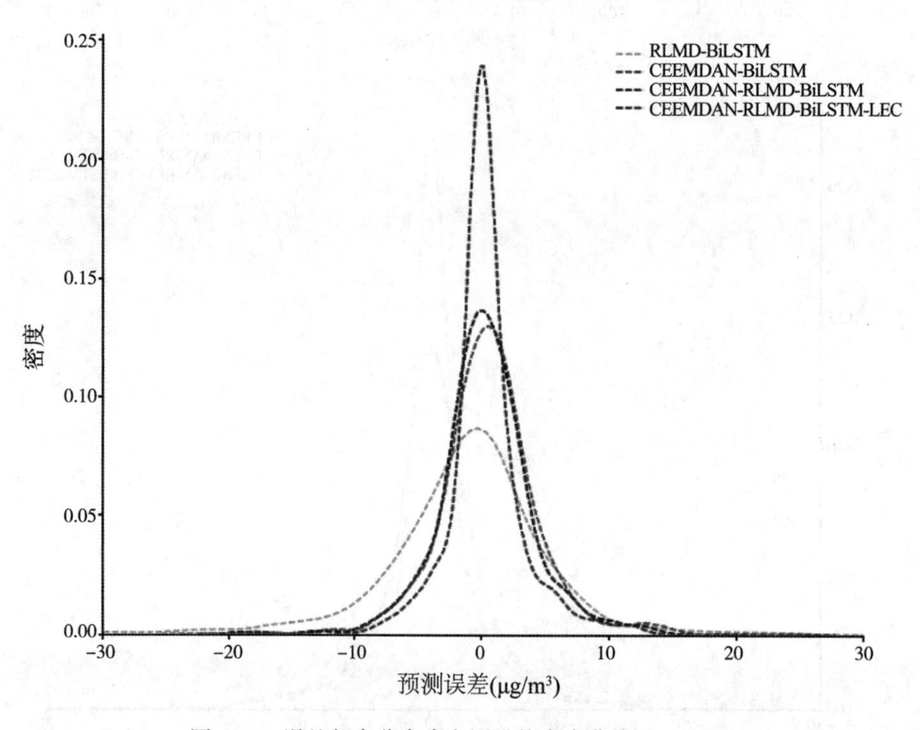

图 4-40　误差频率分布直方图及核密度曲线(12 step)

4.2.5 小结

考虑到 $PM_{2.5}$浓度的即时性和复杂性，对 $PM_{2.5}$浓度即时、精准、鲁棒的预测是非常具有挑战性的，这对空气质量的监测与治理具有重要意义。对此，本节提出了一种混合分解算法与深度学习算法结合的 $PM_{2.5}$浓度预测方法，以提高预测的精准性、时效性与鲁棒性。首先，对 $PM_{2.5}$浓度序列进行 CEEMDAN 模态分解与 RLMD 分解，CEEMDAN 有效地将波动分解为具有不同频率特征的波动分量，但会造成模态冗余；RLMD 分解能通过迭代得到所有的 PF 分量。随后，BISLTM 分别预测模态分解得到的 $PM_{2.5}$分量序列，再利用动态加权算法计算出权重，对预测结果进行加权得到预测集。利用原序列与预测集作差得到误差集，误差集通过 CEEMDAN-RLMD-BiLSTM 模型预测得到误差预测集，对超过突变阈值的时序预测点进行 LEC 处理得到修正序列。修正序列即最终的预测结果。

CEEMDAN、RLMD 分解与 CEEMDAN-RLMD 分解对比实验结果表明，RLMD 分解能较好地解决 CEEMDAN 分解所造成的模态冗余问题，使二者分解的加权结果预测效果强于单一分解预测效果，对不同数据集的多步向前预测 $PM_{2.5}$浓度结果验证了 CEEMDAN-RLMD 分解算法的误差较小，适应敏感数据能力强，适用性较广泛。

该方法计算复杂度较小，效率较高，具有较好的预测能力。本节提出的 CEEMDAN-RLMD-BiLSTM-LEC 模型还可以用于风力、风电、太阳辐射强度、车流量等非平稳、非线性时间序列的预测，但对于短周期内复杂度较高的时间序列，该模型受到一定限制，本节可以考虑添加 TCN 卷积层，利用足够大的感受野去获取序列更多的特征信息，从而进行深度学习，以增强模型的预测精度。

4.3 基于 LSTM-TSLightGBM 变权组合模型的 $PM_{2.5}$浓度预测

4.3.1 概述

目前，预测 $PM_{2.5}$的方法主要有数值模式法、统计建模预测法和机器学习方法。数值模式法主要基于空气动力学理论和物理化学变化过程，使用数学方法建立大气污染浓度的稀释和扩散模型动态预测空气质量和主要污染物的浓度变化。该预报法全面地考虑了物理和化学过程，但由于大气过程过于复杂，无法精确预报，且此方法计算量巨大、耗时很长。大多数专家学者对后两种方法进行研究，考虑可能会影响 $PM_{2.5}$浓度的因素，基于 $PM_{2.5}$浓度的历史数据建立单一或组合模型对 $PM_{2.5}$或其他污染物浓度进行预测，在一定程度上可以弥补单一数值模式预测的不确定性。近年来，基于机器学习与深度学习预报法对 $PM_{2.5}$的预测较火热，本节主要对这两种方法进行国内外研究概述。其中，统计建模预测主要指 ARIMA、MLR 等传统时间序列模型，机器学习模型分为传统机器学习模型，如 SVM、BP 等近年来兴起的深度学习模型。单一模型方面，严宙宇等[120]利用 ARIMA 对 $PM_{2.5}$浓度进行预测，但使用 ARIMA 模型预测通常只考虑 $PM_{2.5}$浓度这一序列，没有考虑影响其多变的因素，预测精度并不理想。进一步，余辉等[121]考虑气象影响和其他污染物影响，使用 ARMAX 进行 $PM_{2.5}$浓度逐小时预测，R^2、MAE 和 RMSE 三个评价指标表明 ARMAX 比 ARMA 模型的拟合效果更好。Zheng 等[122]构建基于 RBF 神经网络的模型 RBFNN，预测效果比经典 BP 神经网络(BPNN)好。刘杰等[123]先模糊粒化时间序列再利用支持向量机对 $PM_{2.5}$浓度进行预测，在一定程度上克服了影响因素考虑不全面造成预测不稳定的问题。深度学习模型中，最常用的是 RNN 和 LSTM 模型，Biancofiore 等[124]建立 RNN 模型预测 $PM_{2.5}$和 PM_{10}，从 R^2、MSE、RMSE、MAE、SMAPE 等评价指标证明其预测效果优于多元线性回归模型和无递归结构的神经网络模型。考虑到 RNN 存在记忆短、梯度爆炸问题，杨超文等[125]建立基于 TensorFlow 改进的 LSTM 模型对空气质量进行预测，LSTM 模型的相关系数、斯皮尔曼等级和均方误差三个指标都优于 RNN 的，证明其是一种精度更高、泛化效果更强的空气质量预测模型。

由于时间序列具有高复杂性、随机性等特点，同时 $PM_{2.5}$浓度受多种因素影响，上述单一模型没有充分挖掘多元因素与 $PM_{2.5}$浓度间的交互关系，无法充分利用对 $PM_{2.5}$预测有利的因素。绝大多学者研究组合模型来对 $PM_{2.5}$浓度进行预测。戴李杰等[126]联合应用支持向量机与粒子群优化算法建立滚动预报模型，效果比单一的径向基神经网络和多元线性回归好。Sun 等[127]结合 PCA 与布谷鸟搜索算法优化的 LSSVR 对 $PM_{2.5}$进行了日均预测。由于传统 BP 神经网络方法不能体现历史时间窗内的数据对当前预测影响的问题，赵文怡等[128]建立加权 KNN-BP 神经网络模型对 $PM_{2.5}$浓度进行预测。刘旭林等[129]建立 CNN-Seq2Seq 预测未来一小时的 $PM_{2.5}$浓度，效果优于机器学习模型与非 CNN 提取变量特征的 Seq2seq 组合模型。Kow 等[130]提出 CNN-BP 能充分处理较大时滞时的异质输入，应对维度魔咒，实现了多区域同时多步预测 $PM_{2.5}$浓度，预测效果优于 BPNN、随机森林和 LSTM 模型。王舒扬等[131]建立了 ConvLSTM 深度神经网络模型，利用卷积模块提取空间特征，通过 LSTM 提取时间特征实现了对 $PM_{2.5}$浓度的网格式预报。张怡文等[132]认为传统的 RNN 和 LSTM 对不同时刻的数据都采用相同的权重计算不符合类脑设计，提出了基于 Adam 注意力机制的 $PM_{2.5}$预测方法，通过实验对比发现，添加了注意力机制的 RNN 和 LSTM 预测 $PM_{2.5}$浓度的准确率优于没有添加的。

上述大多数神经网络模型大部分更注重时序特征，常见的 RNN 和 LSTM 时间序列预测模型对特征的敏感度不如集成学习模型。考虑到数据的时间序列特征及数据的非线性特征，本节提出将集成学习模型与 LSTM 进行结合来建立 $PM_{2.5}$含量短时预测模型。近年来，许多学者开始研究集成学习与神经网络相结合的预测模型，应用于经济[133]、金融[134]、电力负荷[135]与温度[136]、销售[137]等方面的预测，但大部分学者选择的集成模型是 XGBoost。考虑到 LSTM 比 RNN 有更好的记忆功能，LightGBM 在模型训练速度上远快于 XGBoost，且 Leaf-wise 原则能降低更多的误差、得到更好的精度，而组合模型能较好兼顾各模型的优点、提高模型的稳定性，常见的组合模型是分配给各模型一样的权重将预测结果进行加和，陈纬楠等[138]曾在短期负荷预测中证实采用最优加权法确定各模型的权重能有效提高单一模型的优点。

本节基于验证集残差通过最优加权组合法建立 LSTM 与 LightGBM 的加权组合模型，验证集残差越小，模型预测权重越高。以北京市奥体中心历史空气质量浓度数据和气象数据作为研究对象，发现冬季 $PM_{2.5}$浓度最高、夏季 $PM_{2.5}$浓度最低；$PM_{2.5}$浓度与 PM_{10}、SO_2、NO_2和 CO 的浓度呈强正相关关系，相关系数都在 0.7 以上，与 PM_{10}的相关系数高达 0.88；$PM_{2.5}$与气象因子的相关程度较小，相关程度最大的是风速，相关系数为-0.29；分别建立时间窗口大小为 12 的长短期记忆网络(LSTM)将时间窗口内所有信息作为下一期预测输入的 TSLightGBM 模型，基于最优加权组合法建立 LSTM-TSLightGBM 模型对 $PM_{2.5}$每小时浓度进行预测。在测试集上的预测结果表明，LSTM-TSLightGBM 的 MAE、RMSE 和 SMAPE 分别为 11.873、22.516 和 19.540%，相比 LSTM、TSLightGBM、RNN 等基准模型具有更低的平均绝对误差、均方根误差和对称平均绝对百分比误差，对 $PM_{2.5}$的预测精度更高、拟合优度更好。

4.3.2 研究方法

4.3.2.1 LSTM 模型

循环神经网络(RNN)通过使用自带反馈的神经元，能处理时序数据。但随着时间序列的增长，RNN 需要回传的残差呈指数下降，导致网络权重更新缓慢，出现梯度消失或梯度爆炸的问题。Hochreiter 等[58]提出了长短期神经网络(LSTM)，用 LSTM 层代替传统的隐藏层，可以从前一时刻获取细胞状态和隐藏层状态两种信息，采用控制门机制，由记忆细胞、输入门、输出门、遗忘门组成，其单元结构如图 4-41 所示。

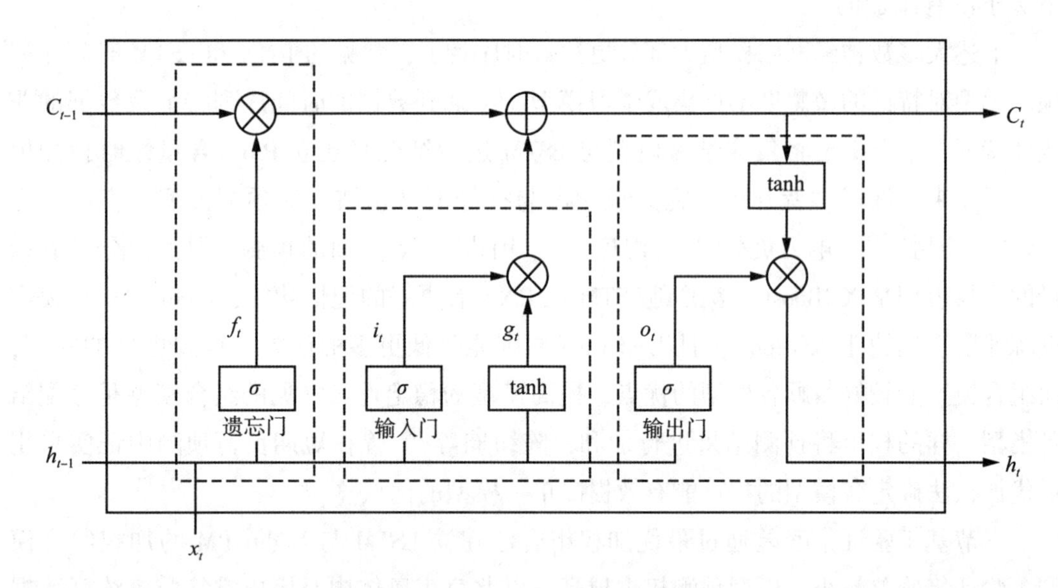

图 4-41　LSTM 单元结构

遗忘门：决定模型从细胞中"忘记"什么信息。f_t 为遗忘门输出，取值在 0 和 1 之间，f_t 越接近 1，则 C_{t-1} 中被保留的信息越多，越接近 0 则 C_{t-1} 中被剔除的信息越多。计算式如式(4-54) 所示。

$$f_t = \sigma(W_f[h_{t-1},\ x_t] + b_f) \tag{4-54}$$

输入门：有两部分功能，一部分用于找到那些需要更新的细胞状态，另一部分把需要更新的信息更新到细胞状态中，计算式如式(4-55) 所示。

$$i_t = \sigma(W_i[h_{t-1},\ x_t] + b_i) \tag{4-55}$$

记忆单元，见式(4-56) ~ 式(4-57)。

$$g_t = \tanh(W_c[h_{t-1},\ x_t] + b_c) \tag{4-56}$$

$$C_t = f_t \cdot C_{t-1} + i_t \cdot g_t \tag{4-57}$$

输出门：通过 sigmoid 层确定输出的信息部分，根据计算得到的细胞状态更新值 C_t，得到输出结果 h_t，见式(4-58) ~ 式(4-59)。

$$O_t = \sigma(W_o[h_{t-1},\ x_t] + b_o) \tag{4-58}$$

$$h_t = O_t \cdot \tanh(C_t) \tag{4-59}$$

在式(4-54) ~ 式(4-59) 中，σ 为 sigmoid 函数；W_f、W_i、W_c 和 W_o 分别是遗忘门、输入门、记忆单元和输出门的权重矩阵；$[h_{t-1},\ x_t]$ 即将两个向量拼接在一起变成一个更长的向量；b_f、b_i、b_c 和 b_o 分别是遗忘门、输入门、记忆单元和输出门的偏置项；C_t 为当前时刻的单元状态，C_{t-1} 为上一时刻的单元状态。

LSTM 神经网络的工作流程可以概括如下：

(1)位于当前 t 时刻，将输入向量输入输入层，经过输入层的激活函数处理输入结果。

(2)将输入层输出向量、$t-1$ 时刻的隐藏层输出和 $t-1$ 时刻记忆单元存储的信息输入 LSTM 结构的节点中，通过输入门、遗忘门、记忆单元和输出门激活函数的处理，有选择地保留历史信息和当前信息，输出结果到下一隐藏层或输出层。

(3)将 LSTM 结构节点的输出到输出层神经元，输出结果。

(4)根据输出层的结果，对当前模型最后一层进行误差计算，利用反向传播算法，向前依次计算各层误差。

(5)基于损失函数或代价函数最小化原则，更新各层的权重项。

图 4-41 展示的是只有一个隐藏层的 LSTM 内部结构，大部分时候隐藏层是多层或深层的，往往输出结果 h_t传递到下一层 LSTM，作为下一层 LSTM 的输入 x_t，当前单元状态 C_t也传递到当前 LSTM 的下一时刻。本节使用两层 LSTM 隐藏层，结构如图 4-42 所示，建立一个由一层输入层、两层 LSTM 隐藏层和一层输出层组成的四层神经网络模型。其中，$X(t)$表示当前 t 时刻的输入序列，第一层隐藏层在 t 时刻的输出 $H'(t)$作为第二层的输入 $X'(t)$，经传输后，得到最终输出 $H(t)$。按上面 LSTM 工作流程，经过不断训练学习后得到最终预测模型。

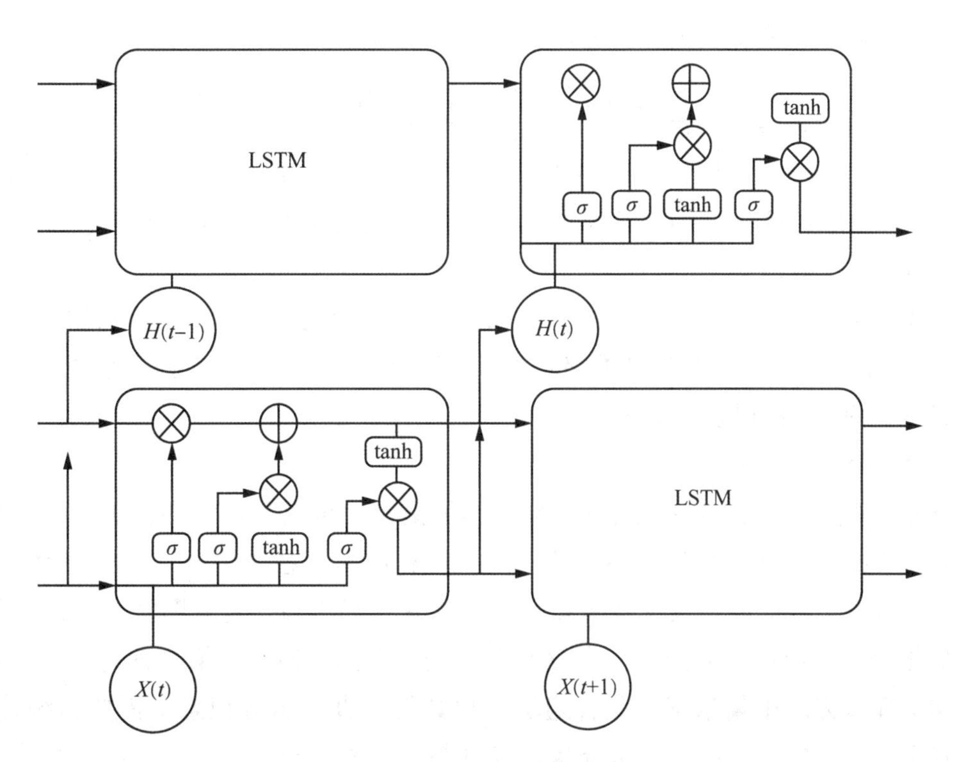

图 4-42　双层 LSTM 单元结构

4.3.2.2 LightGBM 模型

LightGBM[139]是一个基于决策树算法的分布式梯度提升框架，仍然是利用在$(t-1)$棵树的优化结果上进行第 t 棵树的构建，每一次弱学习器加和效果都比前一次的好的原理。与 XGBoost 类似，LightGBM 显式地加入了正则项，并对损失函数二阶泰勒展开，可以同时利用一阶和二阶导数。其目标函数如式(4-60)所示。

$$\text{obj}^t = \sum_{i=1}^{n} l[y_i,\ \hat{y}_i^{(t-1)} + f_t(x_i)] + \Omega(f_t) + \text{constant} \tag{4-60}$$

要找到f_t 使得$\sum_{i=1}^{n} l[y_i,\ \hat{y}_i^{(t-1)} + f_t(x_i)] + \Omega(f_t)$ 最小，其中，$\Omega(f_t)$ 是正则化项。

由于 GBDT 要扫描所有数据来估计所有信息增益可能的分割点，这既耗时又耗内存，LightGBM 采用了 GOSS 算法来减少样本，EFB 算法来捆绑特征，降低了算法的时间复杂度。

1. GOSS 算法与 EFB 算法

GOSS 算法先基于梯度的绝对值从大到小对样本进行排序，从排好序的样本里抽出 $a\%$ 的样本，将这 $a\%$ 的样本全部进行保留，再从剩下的$(1 - a\%)$ 的样本中随机抽取 $b\%$ 的样本，为保持原有分布，对这$[(1 - a\%) \times b\%]$ 的样本的梯度权重进行放大，都乘上$(1 - a)/b$。得到新的信息增益公式见式(4-61)。

$$\tilde{V}_J(d) = \frac{1}{n}\left[\frac{\left(\sum_{x_i \in A_l} g_i + \frac{1-a}{b}\sum_{x_i \in B_l} g_i\right)^2}{n_l^j(d)} + \frac{\left(\sum_{x_i \in A_r} g_i + \frac{1-a}{b}\sum_{x_i \in B_r} g_i\right)^2}{n_r^j(d)}\right] \tag{4-61}$$

式中，n 为 GOSS 算法筛选样本后某节点的总样本数；$n_l^j(d)$ 是该节点左样本数；$n_r^j(d)$ 是该节点右样本数。

EFB 算法利用特征与特征间的关系构造了一个加权无向图，根据节点的度进行降序排序，度越大，与其他特征的冲突越大；再遍历每个特征，将它分配给现有特征包或新建一个特征包使得总体冲突最小。

2. 直方图算法

直方图算法[140]大大提高 LightGBM 模型的效率，可以将特征序列进行离散化处理，直接支持原生支持类别，不必像 XGBoost 利用类似独热编码进行特征数值化、转化成多维 0/1 特征而导致在空间和时间上的效率都不高。直方图算法将浮点特征值离散化成 m 个整数，并建立一个宽度为 m 的直方图。遍历数据时将离散化后的值作为索引在直方图中累积统计量，遍历一次数据，直方图就积累了需要的统计量。然后根据直方图的离散值，遍历寻找最优分割点。相较于 GBDT 要遍历每个特征的所有可能切分点来寻找最优分割点，LightGBM 所需内存小得多，速度大大提升。算法如图 4-43 所示。

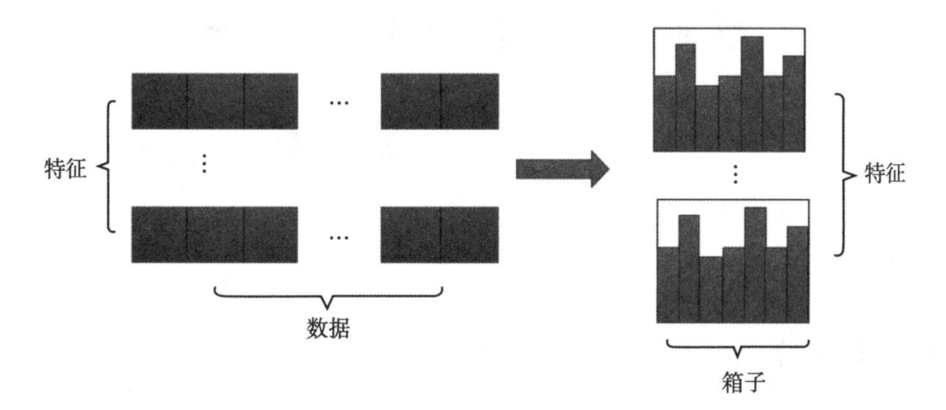

图 4-43 直方图算法

另外，由于一个叶子的直方图可以由它的父节点的直方图与它兄弟节点的直方图作差得到，直方图作差仅需遍历直方图的 k 个桶，不需要遍历这个叶子上的所有数据。所以，LightGBM 在构造一个叶子的直方图后，可以用非常微小的代价得到它兄弟叶子的直方图。该“直方图差加速”构造法如图 4-44 所示。

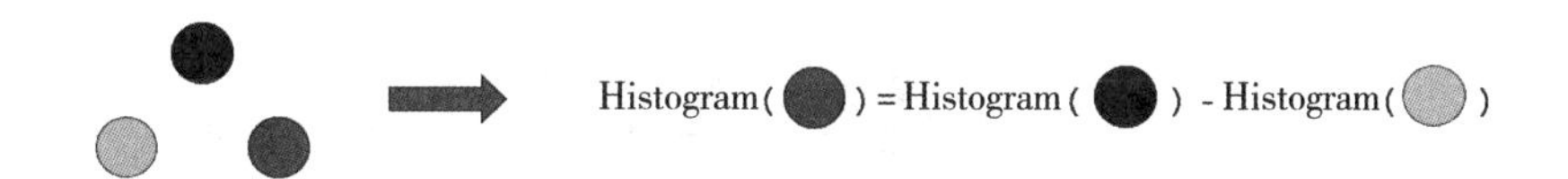

图 4-44 “直方图差加速”构造法

3. Leaf-wise 的建树策略

LightGBM 采用 Leaf-wise 策略，每次分裂所有叶子节点中增益最大的叶子节点，同时限制了树的最大深度，防止过拟合的现象发生。分裂过程如图 4-45 所示。

二叉树的分裂增益公式如式(4-62)~式(4-64)所示。

$$\text{gain} = \frac{1}{2}\left[\frac{G_L^2}{H_L+\lambda} + \frac{G_R^2}{H_R+\lambda} - \frac{(G_L+G_R)^2}{H_L+H_R+\lambda}\right] - \gamma \tag{4-62}$$

$$G_j = \sum\nolimits_{i \in I_j} g_i \quad (i = 1, 2, \cdots, n; j = 1, 2, \cdots, T) \tag{4-63}$$

$$H_j = \sum\nolimits_{i \in I_j} h_i \quad (i = 1, 2, \cdots, n; j = 1, 2, \cdots, T) \tag{4-64}$$

式中，γ 为每次引入新叶子结点带来的复杂度的代价；G_j 和 H_j 为样本集合数据点在误差函数上的一阶导数和二阶导数。

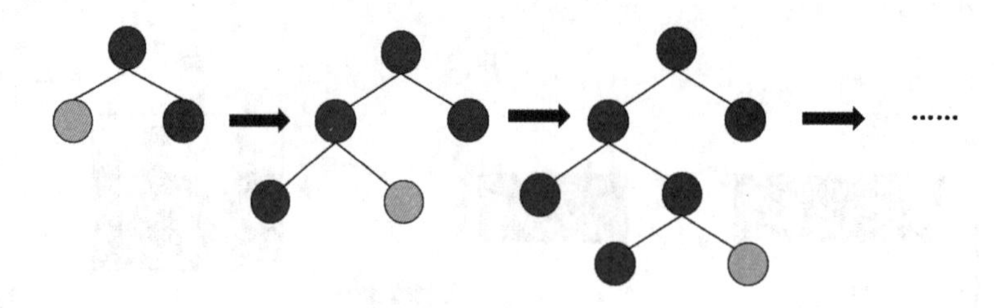

图 4-45　基于 Leaf-wise 建树图

4.3.3　模型结构

1. 最优加权组合法

LSTM 与 LightGBM 是完全不同的两类模型，前者对时序性质敏感，而后者对特征的提取能力强于前者，这两种模型的预测能力存在差异，但整体预测效果较差的模型并不意味着该模型对所有样本的预测能力都不好。鉴于两种模型在处理数据过程中的不同优势，本节通过最优加权组合法对模型进行加权组合，避免单一模型的整体劣性，提高模型预测效果的稳定性。最优加权组合法的计算步骤如下：

第一步：求出偏差矩阵 E，即式(4-65)：

$$E = \begin{pmatrix} \sum_{i=1}^{N} e_{1t}^2 & \sum_{i=1}^{N} e_{1t}e_{2t} \\ \sum_{i=1}^{N} e_{1t}e_{2t} & \sum_{i=1}^{N} e_{2t}^2 \end{pmatrix} \tag{4-65}$$

式中，N 表示数据集包含的样本数；e_{1t} 和 e_{2t} 分别为 LSTM 模型和 LightGBM 模型在 t 时刻预测值与真实值的误差。

第二步：由拉格朗日乘子法来求出最优权重，如式(4-66) 所示。

$$(w_1,\ w_2)^{\mathrm{T}} = \frac{E^{-1}R}{R^{\mathrm{T}}E^{-1}R} \tag{4-66}$$

式中，w_1 和 w_2 分别为 LSTM 和 LightGBM 模型的权重系数，系数之和为 1；$R = (1,\ 1)^{\mathrm{T}}$。

第三步：根据权重系数得出最终的 $PM_{2.5}$ 浓度预测结果，如式(4-67) 所示。

$$\hat{y}_t = w_1\hat{y}_{1t} + w_2\hat{y}_{2t} \tag{4-67}$$

式中，$\hat{y}_t$ 表示 LSTM-LightGBM 在 t 时刻的 $PM_{2.5}$ 浓度预测结果；$\hat{y}_{1t}$ 和 $\hat{y}_{2t}$ 分别为 LSTM 和 LightGBM 模型在 $PM_{2.5}$ 浓度预测结果。

2. 组合预测流程

上文中提到的权重系数 w_1和 w_2根据验证集的评估效果来确定。首先对原始数据进行预处理并按一定比例划分训练集、验证集和测试集，训练集用于训练模型，根据验证集评估效果，分别对两个模型的重要参数进行调优，测试集用于实际的 $PM_{2.5}$浓度预测。在经过模型训练与参数调优后，对测试集中的数据用 LSTM 和 LightGBM 进行独立预测，最后通过最优加权组合法得出组合预测结果。组合预测的流程如图 4-46 所示。

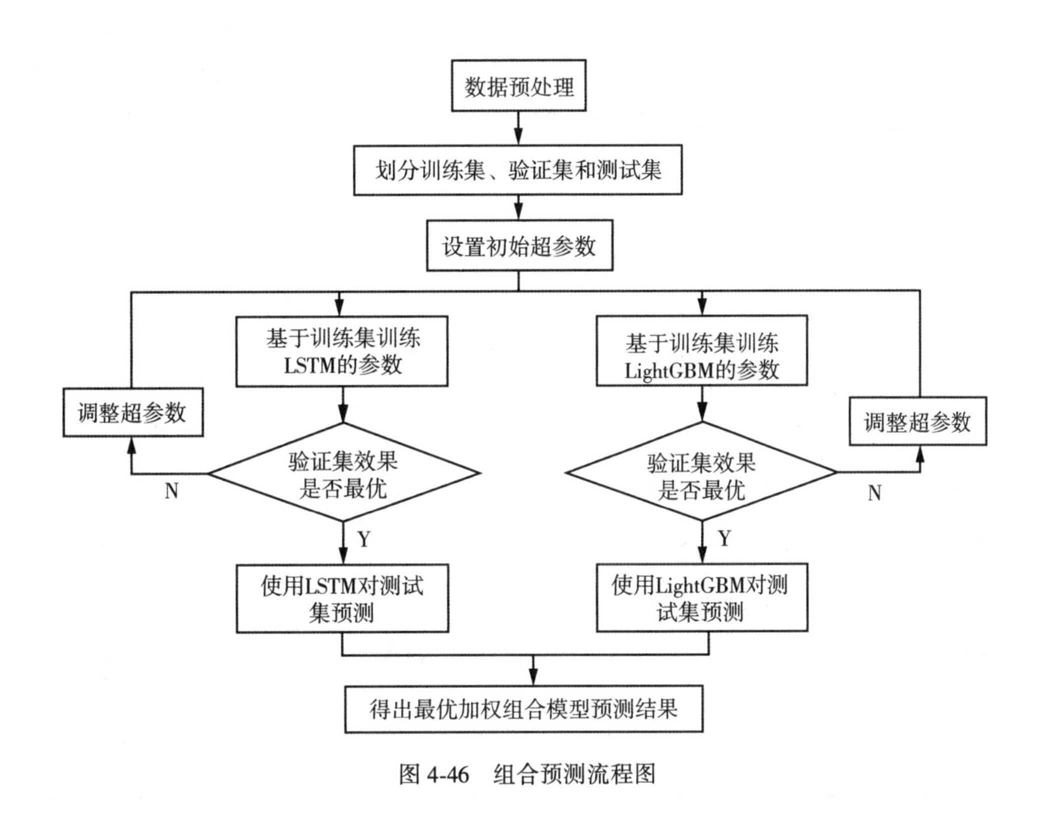

图 4-46 组合预测流程图

4.3.4 实证分析

4.3.4.1 实验环境

本次实验所用计算机配置为：处理器为 Intel i5-8250，CPU 频率为 1.80Hz，内存为 8GB，操作系统为 Windows 10(64 位)。软件平台为 Anaconda，基于 Python 3.7 编程，LSTM 实验使用的是 Keras 深度学习框架，基于 LightGBM 库建立 LightGBM 模型。

4.3.4.2 数据来源与指标选择

已有研究中，蒋洪迅等[141]认为PM颗粒物、SO_2、NO_2、CO、O_3的来源不尽相同但又互相影响，郑豪等[142]同时利用气象因素与其他潜在污染物浓度作为$PM_{2.5}$浓度的影响因素建模。结合这些研究结论，本节选取了UCI数据库①中北京市奥体中心2014年1月1日至2017年2月28日逐小时历史空气质量浓度数据②和气象数据③，包含了年、月、日、小时、$PM_{2.5}$浓度、PM_{10}浓度、温度、降水等信息，共有27720条数据和及16个变量，数据字段如表4-8所示。其中，year、month、day、hour是日期型变量，wd是分类型变量，其余11个变量均为数值型变量，部分数据存在缺失值。本节的重点是通过历史变量信息预测每小时$PM_{2.5}$的浓度，故将$PM_{2.5}$浓度作为被解释变量，历史空气颗粒物记录和天气条件作为解释变量，如表4-8所示。

表4-8 变量说明表

变量	含义	变量	含义
year	该行数据所在年份	CO	CO浓度($\mu g/m^3$)
month	该行数据所在月份	O_3	O_3浓度($\mu g/m^3$)
day	该行数据所在日	TEMP	温度(℃)
hour	该行数据所在小时	PRES	压力(hPa)
$PM_{2.5}$	$PM_{2.5}$浓度($\mu g/m^3$)	DEWP	露点温度(℃)
PM_{10}	PM_{10}浓度($\mu g/m^3$)	RAIN	降水(mm)
SO_2	SO_2浓度($\mu g/m^3$)	wd	风向
NO_2	NO_2浓度($\mu g/m^3$)	WSPM	风速(m/s)

4.3.4.3 $PM_{2.5}$浓度影响因子分析

1. 不同时间下$PM_{2.5}$平均浓度

受气候条件影响，$PM_{2.5}$浓度在不同季节存在差异，本小节探究季节中每小时$PM_{2.5}$浓度的变化情况。根据气候统计法划分四季，以公历3—5月为春季，6—8月为

① 加州大学欧文分校机器学习库。

② 空气质量数据来自北京市奥体中心环境监测站点。

③ 站点的气象数据与最近的中国气象局气象站匹配。

夏季，9—11 月为秋季，12 月至次年 2 月为冬季。不同月份下 $PM_{2.5}$平均浓度和不同季节下 $PM_{2.5}$逐小时平均浓度分别如图 4-47 和图 4-48 所示。

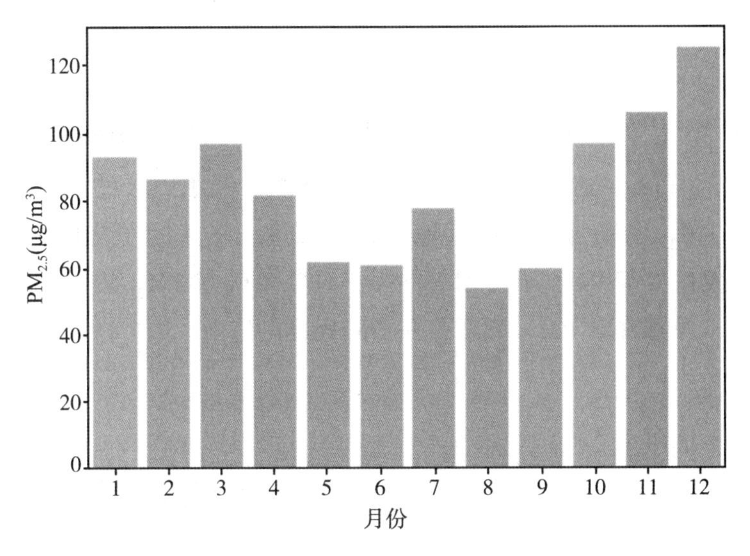

图 4-47　不同月份下 $PM_{2.5}$平均浓度

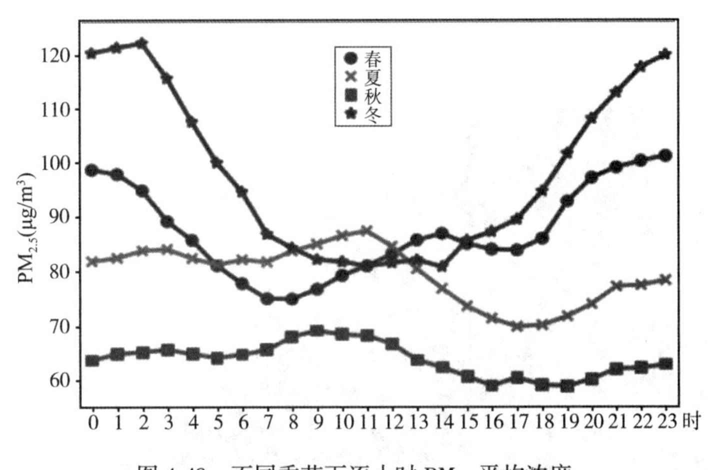

图 4-48　不同季节下逐小时 $PM_{2.5}$平均浓度

由图 4-47 和图 4-48 可知，不同小时下 $PM_{2.5}$浓度存在差异，但在相近的小时内保持平稳上升或下降的趋势。冬季和接近冬季的 11 月、3 月的 $PM_{2.5}$浓度较高，夏季 $PM_{2.5}$浓度明显低于其他三个季节，$PM_{2.5}$浓度按季节从高到低排序为：冬季>秋季>春季>夏季。12 月 $PM_{2.5}$的平均含量最高，这可能是因为冬季严寒，家用燃煤、燃炭供暖增多，导致空气中污染物含量的增加。夏季和春季各时段 $PM_{2.5}$含量走势相似；8 月

$PM_{2.5}$ 平均浓度最低。8 时至 12 时 $PM_{2.5}$ 含量较其他时段高，可能是早高峰和工厂工作造成的；午后 $PM_{2.5}$ 含量下降，因为此时的气温状况不容易形成逆温层，易于空气流通和污染物的扩散；下午 5 时后下班高峰期 $PM_{2.5}$ 含量又有所增加，这段时间污染物主要源于机动车排放。

2. 空气颗粒物与气象因子对 $PM_{2.5}$ 浓度的影响

$PM_{2.5}$ 是一种受空气中其他颗粒与气象条件影响的颗粒物。2014 年 1 月 1 日至 2017 年 2 月 28 日逐小时 $PM_{2.5}$ 浓度与空气其他颗粒物浓度、气象因子的相关性热力分布图如图 4-49 所示。$PM_{2.5}$ 浓度与空气中其他颗粒物浓度、气象因子之间都存在相关性，空气中其他颗粒物浓度与 $PM_{2.5}$ 浓度相关性强，气象条件与 $PM_{2.5}$ 浓度相关性弱，不同的颗粒物浓度、气象条件对 $PM_{2.5}$ 浓度存在不同程度的影响。

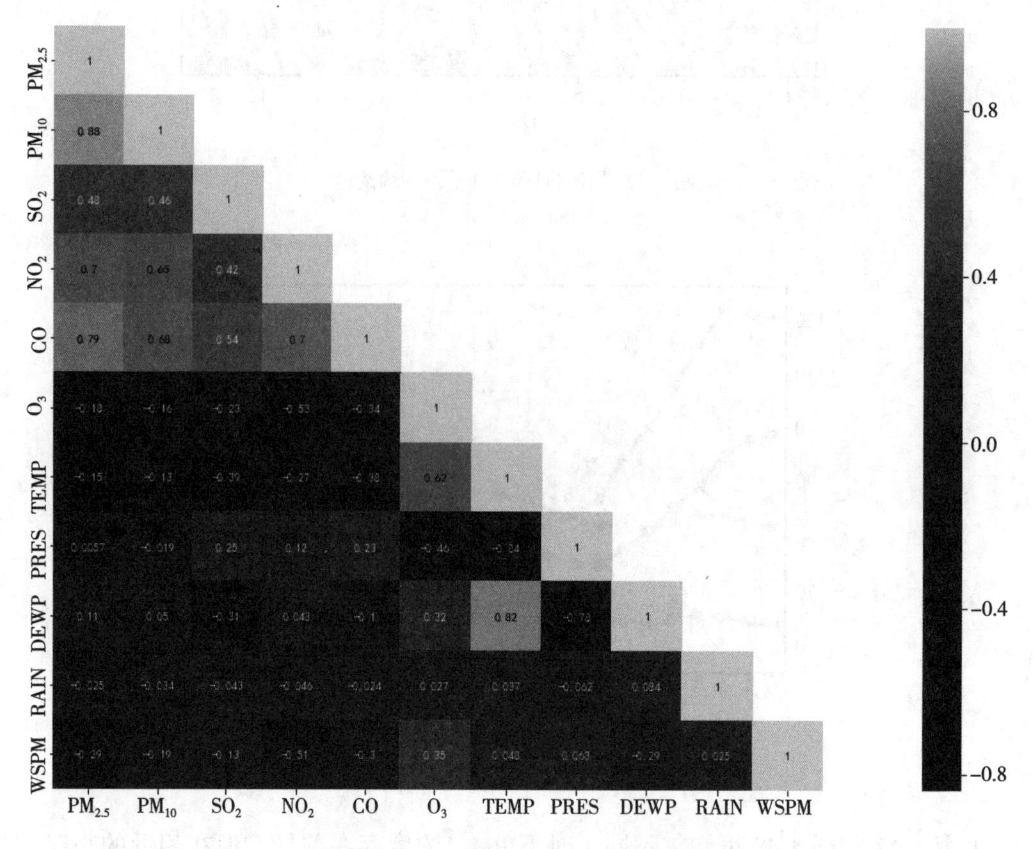

图 4-49　空气颗粒物和气象因子与 $PM_{2.5}$ 含量的相关性热力图

由图 4-49 可知，空气质量方面，$PM_{2.5}$ 浓度与 PM_{10} 浓度的相关程度最高，相关系数高达 0.88；与 SO_2、NO_2、CO 浓度呈强正相关，相关系数都在 0.7 以上，说明有害污染物提高了 $PM_{2.5}$ 的浓度；O_3 与 $PM_{2.5}$ 浓度呈负相关，O_3 浓度每上升 1μg/m^3，$PM_{2.5}$

浓度平均下降 0.18μg/m^3，说明一定浓度的臭氧有利于抑制 $PM_{2.5}$的含量。

气象条件方面，风速对 $PM_{2.5}$浓度影响最大，相关系数为-0.29；$PM_{2.5}$浓度与温度、降雨量和风速呈负相关，在高温度、有降雨、风速较大的情况下 $PM_{2.5}$的浓度得到一定的抑制；而露点温度、气压与 $PM_{2.5}$浓度呈正相关，气压与 $PM_{2.5}$浓度的相关程度最小，相关系数只有 0.0057。

4.3.4.4 数据处理与划分

1. 数据预处理

缺失值与重复值在一定程度上会影响模型的拟合效果，本小节先检验数据集中是否包含缺失值和重复值，发现数据不存在重复值，除时间变量外的其他变量均存在不同程度的缺失，本节采用插值法对数值变量进行填充，采用众数填充法对分类型变量进行填充。然后，将 year、month、day 和 hour 进行合并作为数据索引。针对分类型变量风向，考虑到 one-hot 编码会降低空间和时间的效率，且是否使用 one-hot 编码对集成学习无法产生显著性影响，故采用硬编码对其进行编码。以上处理完成后，保留了 12 个变量与 27720 条数据。

2. 数据集划分与归一化

由于时间序列数据的特殊性，只能用过去的数据进行训练再对将来的数据进行预测，不能对数据集随机划分，故本节按照时间顺序将数据集前 70%作为训练集(2014 年 1 月 1 日至 2016 年 3 月 19 日共 19404 条数据)，中间 20%数据作为验证集(2016 年 3 月 19 日至 2016 年 11 月 5 日共 5544 条数据)，最后 10%数据作为测试集(2016 年 11 月 5 日至 2017 年 2 月 18 日共 2772 条数据)。针对本节中出现的每一个模型，都基于训练集进行训练并利用验证集选择最优参数，最后在测试集上进行预测，评价模型效果。另外，为了防止信息泄露，本节在划分好数据集后再考虑归一化的问题。

由于树模型通过寻找特征的最优分裂来进行优化，归一化不会改变分裂点的位置，故应用树模型时不需要进行归一化。但为了加快神经网络的收敛速度，在建立神经网络模型时，对数据进行 min-max 归一化将原始数据转化为落在[0，1]之间的数据，归一化表达式如式(4-68)所示。

$$x_{ij}^{*} = \frac{x_{ij} - \min\limits_{1 \leqslant i \leqslant N} x_{ij}}{\max\limits_{1 \leqslant i \leqslant N} x_{ij} - \min\limits_{1 \leqslant i \leqslant N} x_{ij}} \tag{4-68}$$

式中，x_{ij} 表示原始数据，x_{ij}^{*} 为归一化值，$\max\limits_{1 \leqslant i \leqslant N} x_{ij}$ 为所选数据中特征的最大值，$\min\limits_{1 \leqslant i \leqslant N} x_{ij}$ 表示所选数据特征的最小值。由于利用归一化的数据预测得到的不是真实预测值，故要保存换算因子，方便预测后进行反归一化获得实际预测值，反归一化方法如式

(4-69) 所示。

$$\hat{y} = (y_{\max} - y_{\min}) \cdot \hat{y}' + y_{\min} \tag{4-69}$$

式中，$\hat{y}'$ 为取值在[0, 1] 内的模型预测值；$\hat{y}$ 表示反归一化后模型的实际预测值。

4.3.4.5　评价指标

考虑到本节探究的是回归预测问题，关心预测的 $PM_{2.5}$浓度是否与真实的 $PM_{2.5}$浓度相近，选取均方根误差 RMSE、平均绝对误差 MAE、对称平均绝对百分比误差 SMAPE 来衡量不同模型的预测精度与泛化能力。设 y_i 为真实值，$\hat{y}_i$ 为模型预测值，$i = 1, 2, \cdots, n$，n 为样本数量，上述评价指标的表达式如式(4-70) ~ 式(4-72) 所示。

$$\mathrm{RMSE} = \sqrt{\frac{1}{n}\sum_{i=1}^{n}(y_i - \hat{y})^2} \tag{4-70}$$

$$\mathrm{MAE} = \frac{1}{n}\sum_{i=1}^{n}|\hat{y}_i - y_i| \tag{4-71}$$

$$\mathrm{SMAPE} = \frac{100\%}{n}\sum_{i=1}^{n}\frac{|\hat{y}_i - y_i|}{\frac{|\hat{y}_i| + |y_i|}{2}} \tag{4-72}$$

RMSE 和 MAE 用来检测模型预测值与真实值之间的偏差，值越小说明模型的预测误差越小；SMAPE 用来评价模型的拟合优度，是平均绝对百分比误差(MAPE)的改进，克服了 MAPE 的不对称性，值越接近于0，表示模型的泛化能力越强。

4.3.4.6　模型构建及评价

本节分别建立 LSTM 模型和 TSLightGBM 模型，根据验证集上的表现对两模型由最优加权组合法进行加权，再对测试集进行预测，并与基准模型 LSTM、TSLightGBM、MLP、RNN 和随机森林进行比较。

1. LSTM 模型

随着一段时间内空气污染物的不断积累或消散，空气中 $PM_{2.5}$的含量是在不断发生变化的，即当期 $PM_{2.5}$的浓度受到前 N 期影响因素影响。本节通过设置不同的时间窗口 T 来进行对比试验，这里的时间窗口是指根据多少小时的历史数据来预测当前 $PM_{2.5}$浓度。本节分别将时间窗口大小分别设置为 1、3、6、9、12、15、18、21、24，根据选定的时间窗口，采用 series_to_supervised 函数将数据集转换为有监督学习问题，该函数是利用 Pandas 的 shift 函数将原始序列向后移动 T 位为 T+1 期数据添加新的列，然后还要将 T+1 期除 $PM_{2.5}$浓度外的数据剔除。

考虑到影响神经网络性能的参数太多，先根据前人的经验，确定激活函数为 relu，优化算法为 Adam 算法，设置两层隐藏层，学习率为默认参数 0.01，同时以 0.2 概率随机删除一些神经元，然后设置预实验对次重要参数进行粗略调节。在预实验中，设置批处理参数 batch_size 为 16、32、64，迭代训练次数 epochs 设置为 100、200 来对训练样本进行建模，发现设置 2 个隐藏层、batch_size 设置为 32、epochs 设置为 100 较合适，同时验证集 MAE 在后 50 次训练中有上升趋势。故设置早停机制 Early_Stopping 来防止模型过拟合，验证集 MAE 连续 15 次下降不超过 0.0005，即认为模型训练完成。根据前人经验、预实验完成的参数设置如表 4-9 所示。

表 4-9　参数设置表

参数名称	参数设置	参数名称	参数设置
激活函数	relu	丢弃率	0.2
优化算法	Adam	批处理参数	32
学习率	0.01	早停机制	验证集 MAE 连续 15 次下降不超过 0.0005，停止训练

正式实验主要对两层隐藏层所含神经元的个数进行调节，不同的时间窗口 T 下，都要不断调整这两个参数，以 MAE 为评价指标，选取使当前时间窗下验证集 MAE 最小对应的参数。根据输入时序长度不同，隐藏层神经元个数在[50，400]范围内取得。各时间窗口下得到的最优参数设置及验证集 MAE 和 RMSE 如表 4-10 所示。考虑到验证集结果的真实性，表 4-10 中的 MAE 和 RMSE 均为将验证集预测值进行还原后根据指标公式进行计算所得。

表 4-10　不同时间窗口下参数设置及验证效果表

T	第一层神经元个数	第二层神经元个数	MAE	RMSE
1	100	50	9.300	15.287
3	120	60	9.252	14.619
6	128	64	8.860	14.192
9	256	128	8.557	13.760
12	320	160	8.522	13.515
15	300	150	9.073	14.258
18	300	150	9.058	14.219
21	256	128	9.260	14.480
24	350	175	9.604	14.724

由表4-10可知，当$T=12$时，LSTM在验证集上表现最好，MAE和RMSE分别是8.522和13.515；当$T=24$时，LSTM在验证集上表现最差，MAE和RMSE分别是9.604和14.724。为了更直观地判断LSTM预测能力与时间窗口大小的关系，本小节将各时间窗口下LSTM验证集效果作图，如图4-50所示。

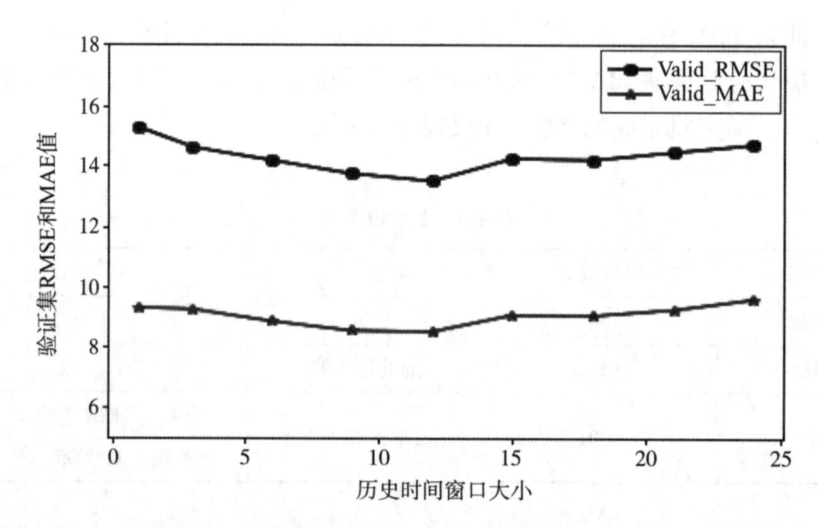

图4-50　不同时间窗口下LSTM验证集RMSE和MAE图

结合表4-10和图4-50，随着时间序列的增加，LSTM对$PM_{2.5}$浓度值预测效果整体呈现先提升后下降的趋势，在$T=12$时，验证集效果最好。LSTM模型对相邻3h内$PM_{2.5}$浓度的预测效果相差不多，如：$T=1$和$T=3$时，MAE和RMSE分别为9.27和14.9左右；$T=9$和$T=12$时，MAE和RMSE分别为8.5和13.5左右；$T=15$和$T=18$时，MAE和RMSE分别为9.05和14.2左右。

综上分析，当时间窗大小设置为12时，LSTM在验证集上的表现效果最好。参数具体设置为：激活函数设为relu，优化算法设为Adam算法，学习率为默认参数0.01，批处理参数为32，第一层隐藏层神经元个数设置为320个，第二层隐藏层神经元个数设置为160个，训练时每个隐藏层以0.2的概率随机丢弃一些神经元，验证集的MAE连续15次下降不超过0.0005即停止训练。

2. TSLightGBM模型

LightGBM、随机森林等集成模型处理时间序列数据时，输入的数据之间不存在时间的相关性，一般有两种方法引入时间特征，一种是增加基本时间特征变量，如年份、季节、月份、星期、小时等，本节将此模型记为TLightGBM；另一种是以T为滑动窗口，计算每个样本前T小时特征的均值、标准差等统计量来作为特征变量，以此引入时间特征来提升模型训练精度，本节将此模型记为TFLightGBM。但这两种方法都没有

充分利用时间窗口 T 内的数据，会损失数据的一些信息，本节在选定时间窗口大小 T 的情况下，将每 T 期的数据拼接成一维 shape 作为第 $T+1$ 期 $PM_{2.5}$的被解释变量，以此来预测第 $T+1$ 小时的 $PM_{2.5}$浓度值，本节将此模型记为 TSLightGBM，并与前两种引入时间特征的方法进行比较。为了保证模型比较的公平性，上文中 LSTM 最优时间窗口大小为 12，同 LSTM 一样，选择的滑动窗口和时间窗口大小为 12。

考虑到 LightGBM 模型中可设置的参数很多，而树的集成模型主要受树的棵数、树的最大深度和学习率影响，故本小节主要以验证集 MAE 越小越好来对 LightGBM 模型的这三个主要参数进行调节，本小节对树的数量(n_estimators)在[100，250，500，1000，2000]内进行调节，最大树深(max_depth)在[6，8，10，12，16]内进行调节，学习率(learning_rate)在[0.01，0.05，0.1]内进行调节。最终调节结果及对应的 MAE 和 RMSE 值如表 4-11 所示。

表 4-11 三种 LightGBM 调整参数结果及验证集 MAE 和 RMSE 表

模型名称	迭代次数	最大深度	学习率	MAE	RMSE
TLightGBM	1000	6	0.01	12.496	19.570
TFLightGBM	2000	10	0.01	18.180	26.796
TSLightGBM	1000	10	0.01	8.153	13.266

由表 4-11 可知，效果最好的是 TSLightGBM，RMSE 和 MAE 分别是 8.153 和 13.266；其次是 TLightGBM，RMSE 和 MAE 分别是 12.496 和 19.570；效果最差的是 TFLightGBM，RMSE 和 MAE 分别是 18.180 和 26.796。可见，当 LightGBM 无法像 LSTM 一样使得输入的数据存在时间相关性时，将时间窗口大小 T 期内的数据拼接成一维 shape 作为解释变量来预测第 $T+1$ 期的 $PM_{2.5}$浓度，此时模型的预测效果较好。

综上所述，选用 TSLightGBM 的特征构造方式，设置树的数量为 1000、树的最大深度为 10、学习率为 0.01，LightGBM 在验证集上的表现效果最好。

3. LSTM-TSLightGBM 加权融合模型

由上文最优 LSTM 和最优 LightGBM 的验证集 MAE，根据最优加权组合法计算各模型在预测中的比例，分别是 0.42 和 0.58，在测试集上进行预测。

为了更好评估该组合模型的预测效果，本节将其与 MLP、RNN、随机森林、LSTM 和 TFLightGBM 进行比较。这些基准模型皆以验证集 MAE 越小越好来对参数进行选择，其中，MLP、随机森林的数据输入与 TFLightGBM 类似，皆以 T 期历史数据预测下一期 $PM_{2.5}$浓度；与其他神经网络一样，MLP 在训练模型时进行归一化处理；RNN 与

LSTM 构造方法一样。各模型在测试集上进行测试，归一化形式的预测值都按照反归一化公式转为真实预测值，得到各模型的真实预测效果如表 4-12 所示。

如表 4-12 所示，加权融合模型 LSTM-TSLightGBM 比任一的单一模型的预测效果都好，其 MAE、RMSE 和 SMAPE 最小，分别为 11.873、22.516 和 19.540%；效果排名第二位的模型是 TSLightGBM，其 MAE、RMSE 和 SMAPE 分别为 12.278、23.216、19.936%；效果排名第三位的模型是 LSTM，虽然 LSTM 的 SMAPE 比随机森林大 0.321%，但其 MAE 和 RMSE 分别为 12.918 和 23.501，比随机森林小了 0.1 和 1.2，说明预测精度更高。综合来看，LSTM 是比随机森林更好的模型。从 MAE、RMSE、SMAPE 的角度来看，加权融合模型 LSTM-TSLightGBM 的对 $PM_{2.5}$ 浓度预测效果最好，并且相较于 MLP 和 RNN 神经网络模型，LSTM-TSLightGBM 的 MAE 分别下降 33.50%、29.52%，RMSE 分别下降 19.75%、17.09%，SMAPE 分别下降 47.15%、44.94%。本节规定若两个模型预测误差之差超过 5%，则认为这两个模型的预测效果存在显著差异，故 LSTM-TSLightGBM 对 $PM_{2.5}$ 浓度预测效果的提升显著。

表 4-12　各模型性能比较

模型名称	MAE	RMSE	SMAPE
MLP	17.853	28.058	36.974%
RNN	16.846	27.158	35.487%
随机森林	13.027	24.702	20.950%
LSTM	12.918	23.501	21.271%
TSLightGBM	12.278	23.216	19.936%
LSTM-TSLightGBM	11.873	22.516	19.540%

为了更直观地判断 LSTM-TSLightGBM 预测效果的优越性，需要进一步结合图形来判断其对 $PM_{2.5}$ 浓度预测的性能。考虑到 MAE 相差程度在 1 范围内时图形展示的效果不明显，故本小节仅展示了性能最优的 LSTM-TSLightGBM 模型和性能最差的 MLP 模型在测试集上预测值与真实值的对比曲线。由于测试集样本量较大，全部可视化会影响判断效果，这里分别从前一半测试集和后一半测试集各抽 100 个样本进行预测值和真实值的可视化。可视化结果如图 4-51 和图 4-52 所示。

由图 4-51 和图 4-52 可知，相比于 LSTM-TSLightGBM 模型，MLP 神经网络同真实值的差异更加明显。当 $PM_{2.5}$ 浓度处于 $100\sim200\mu g/m^3$ 的范围内，LSTM-TSLightGBM 和 MLP 神经网络的预测能力相差不大。但当 $PM_{2.5}$ 浓度接近于 $0\mu g/m^3$ 或大于 $350\mu g/m^3$

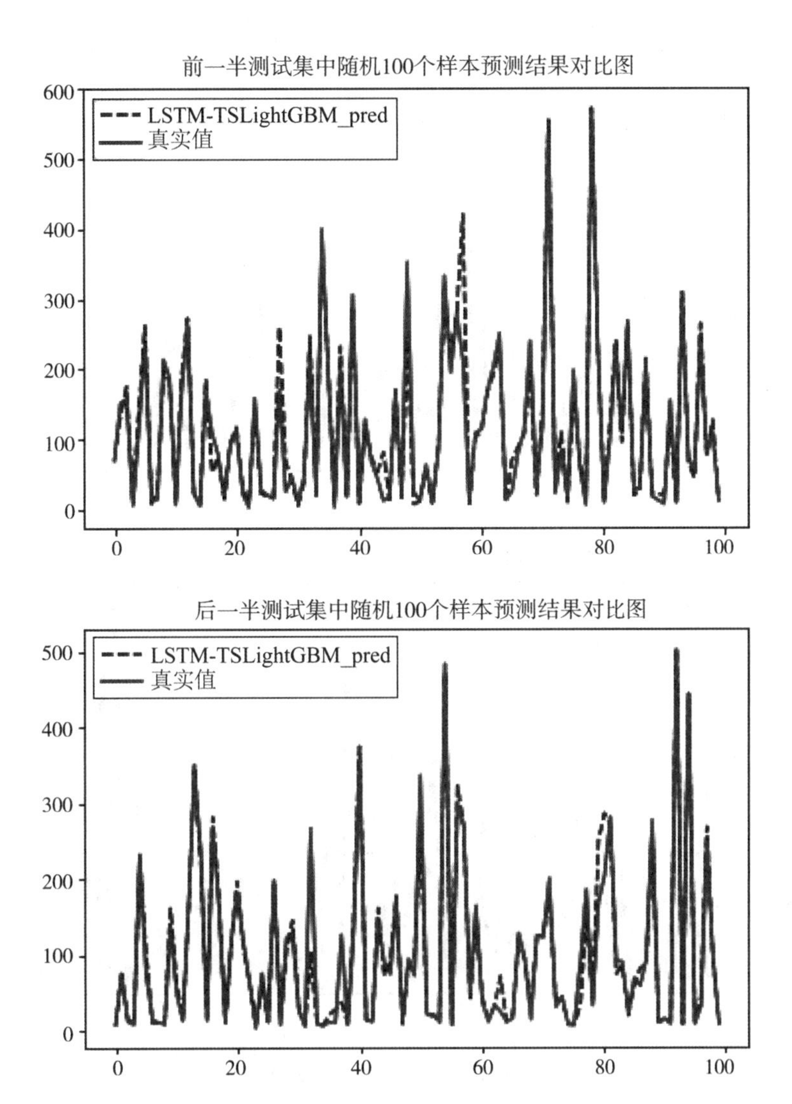

图 4-51 LSTM-TSLightGBM 预测结果对比图

时，MLP 的预测值与真实值的差异较明显，而 LSTM-TSLightGBM 模型只有个别预测值与真实值差异较显著。LSTM-TSLightGBM 预测效果更好的原因可能是 LSTM 具有“记忆”功能，输入 MLP 的变量之间是相互独立的。另外，LSTM 有门控设置，也能对变量信息进行选择性筛选，同时 TSLightGBM 也有对变量进行筛选的功能，在一定程度上能降低噪声的影响。

综合评价指标和预测结果对比图，LSTM-TSLightGBM 结合了 LSTM 对时间信息敏感度高的优点、LightGBM 对特征变量提取强的优点，对 $PM_{2.5}$浓度的预测具有优越性，比单一模型的预测效果更好。

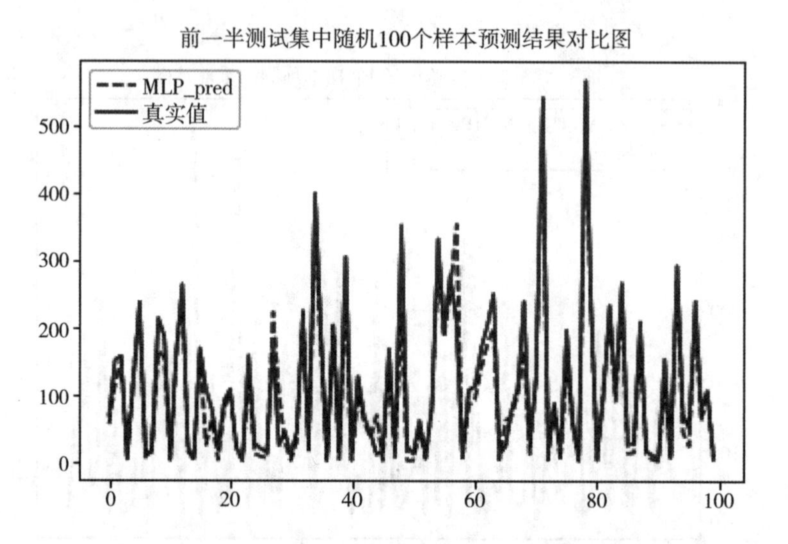

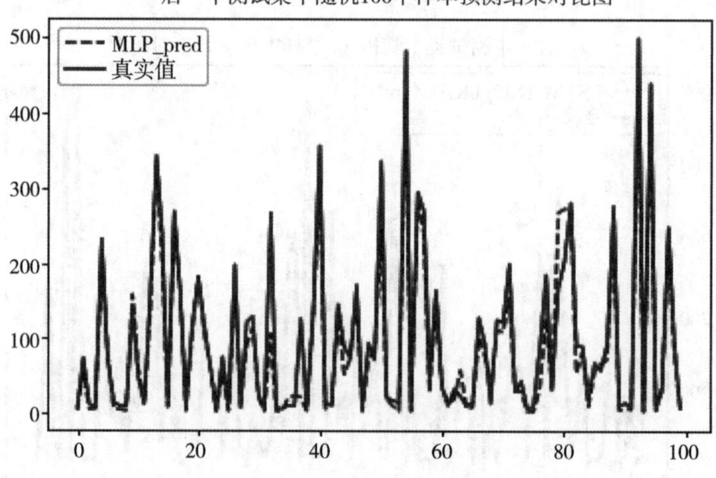

图 4-52　MLP 神经网络预测结果对比图

4.3.5　小结

本节基于北京市奥体中心环境监测站点 2014 年 1 月 1 日至 2017 年 2 月 28 日逐小时历史空气质量浓度数据和气象数据集进行实证研究，得到如下结论：

(1) $PM_{2.5}$浓度整体季节变化情况为：冬季>秋季>春季>夏季，12 月 $PM_{2.5}$平均浓度最高，8 月 $PM_{2.5}$浓度最低。$PM_{2.5}$浓度与有害颗粒物浓度呈正相关，$PM_{2.5}$与 PM_{10}的相关程度最高，达到 0.88，一定浓度的臭氧有利于抑制 $PM_{2.5}$的浓度；气象因子对 $PM_{2.5}$的影响程度较小，高温、降雨、风速大能对 $PM_{2.5}$浓度起到一定的抑制作用。

(2)由于 $PM_{2.5}$浓度受历史信息影响，LSTM 的预测效果与时间窗口大小的设置有关。随着时间窗口的增大，LSTM 对 $PM_{2.5}$浓度预测效果大致呈先上升后下降的趋势，时间窗口大小为 12 时 LSTM 的预测效果最好。针对非时间序列模型 LightGBM，不同的特征构造方式对预测效果产生影响，将时间窗口内所有信息作为下一期预测的输入构造的 TSLightGBM 预测效果最好。

(3)将最优加权的 LSTM-TSLightGBM 模型应用于 $PM_{2.5}$浓度逐小时预测，并且对比分析了 LSTM、TSLightGBM、随机森林、RNN 和 MLP 神经网络，LSTM-TSLightGBM 的 MAE、RMSE、SMAPE 最小，以及随机抽取的测试集预测值与真实值的对比图，论证了其在处理时间序列数据的有效性及对 $PM_{2.5}$浓度逐小时预测的优越性。

虽然本节将 LSTM 神经网络和 LightGBM 进行加权融合，对预测效果有一定的提升，但仍然存在不少问题。本节没有应用时间序列交叉验证法对数据集划分来进行参数选择，建立的模型可能存在过拟合风险。针对非时间序列模型的特征输入需要改进，如果时间窗口很大、影响因素很多，极有可能造成维度灾难。本节选择的最优加权组合法是基于残差的固定赋权法，进一步应研究残差自适应赋权，能在每一个时刻更好地预测 $PM_{2.5}$浓度。同时，本节 $PM_{2.5}$预测是对接下来 1h 的短期预测，接下来的工作是考虑把算法应用于中长期预测，并推广到其他地区，进一步验证算法的性能。

4.4 本章小结

本章研究了机器学习模型在 $PM_{2.5}$浓度预测中的应用。4.1 节提出了基于 CEEMDAN-FE-BiLSTM 模型的预测方法，实证分析结果显示，该模型在预测性能和稳定性方面表现优异；4.2 节提出了基于 CEEMDAN-RLMD-BiLSTM-LEC 模型的预测方法，结果表明，该组合模型相较于单一模型具有更高的预测精度和鲁棒性，能够有效处理噪声较大的数据，适用性广泛；4.3 节提出了基于 LSTM-TSLightGBM 变权模型的预测方法，实验结果表明，该模型在 $PM_{2.5}$浓度预测中表现优异，预测精度和拟合优度均优于其他模型。因此，研究表明机器学习模型能够准确预测 $PM_{2.5}$浓度，为治理 $PM_{2.5}$污染提供了重要的技术支持和建议。

第 5 章　基于机器学习模型的臭氧浓度预测

本章提出了一种基于贝叶斯优化的 XGBoost-RFE 特征选择模型和一种基于 KNN-Prophet-LSTM 的时空预测模型用于臭氧浓度预测，并通过实验进行了验证。结果显示，两种方法均取得了显著的效果。

5.1　基于 BO-XGBoost-RFE 模型的臭氧浓度预测

5.1.1　概述

臭氧(O_3)是一种有毒的温室气体，平流层臭氧能够保护地球表面的生命免受紫外线的辐射，而对流层臭氧作为大气中的第二大污染物，对人类健康和植被有害[143]。产生高质量浓度臭氧污染的两个主要因素为气象条件和臭氧的前体物质浓度[144]。气象条件是影响近地面臭氧质量浓度的最主要因素之一，在各种气象条件中重要的影响因素包含影响光化学反应条件的太阳紫外辐射、相对湿度、风向和风速等[145]。臭氧主要是由 NO_x 和 VOCs 通过光化学反应产生的二次污染物，因此与前体物质浓度密切相关。前体物质 NO_x 和 VOCs 的排放源可分为人为排放源和自然排放源，人为排放源主要来自石油化工相关产业的生产过程、产品消费行为及机动车尾气排放[146]。为了更好地预防和应对对流层臭氧的污染威胁，了解影响臭氧浓度的关键因素并建立准确可靠的预测模型十分重要[147]。Ortiz-García 等[148]分别通过基于本站点浓度数据的支持向量机回归进行臭氧浓度的预测，基于邻近站点浓度数据的支持向量机回归进行臭氧浓度的预测，基于气象变量的支持向量机回归进行臭氧浓度的预测，在使用不同因素预测过程中，选择预测结果与其他时刻预测结果具有显著性差异的时刻，利用不同因素表现最好的时刻数据构成数据集进行预测。董红召等[149]将臭氧的区域性与周期性相结合提出融合了时空特征的臭氧预测模型 PCA-PSO-SVM，利用杭州市气象数据与污染物数据对每日最大 8h 平均浓度进行预测，模型表现出更好的预测精度和适用性。

Liu 等[150]结合 MDA8(每日最大 8h 平均臭氧)观测数据，及并行臭氧反演、气溶胶再分析、气象参数和土地利用数据，建立基于 XGBoost 的全国 MDA8 预测模型。在 2005—2012 年的区域实测数据和 2018 年的全国数据的外部检验中表明，模型对历史数据的预测具有较强的鲁棒性和可靠性。

以往研究中，多将前体排放物、土地覆盖、地理位置及气候变化等复杂且相互关联的特征全部输入模型进行预测，缺少对臭氧浓度预测模型中特征的提取工作。由于并非所有因素均与预测变量相关，适当对变量进行选择可以提高预测精度；保留太多的特征，特别是相关性较强的特征输入模型，会降低训练的效率与准确率[151]，并加大模型训练负担。通过特征选择方法对模型变量进行进一步提取，在保证预测准确率的情况下，一方面可以降低模型维度，提高算法运行效率；另一方面通过特征选择提取模型中的主要变量，有利于进一步了解影响臭氧浓度的关键因素，为预防与应对臭氧威胁的工作提供参考价值[152]。在空气质量指标与污染物预测特征选择的研究中，Domańska 等[153]采用后向消去法，通过确定每个输入特征的有效性，提取影响臭氧浓度的重要变量。结果表明，通过反向消除特征选择方法找到的参数子集提供了最大的预测精度。Liu 等[154]在针对 AQI(空气质量指数)的空间预测问题中通过空间相关性分析、相关性分析和二元灰狼优化(Binary Grey Wolf Optimization，BGWO)三个阶段逐步提取时空特征。Sethi 等[155]将 Causality Based Linear Method 用于选择影响 $PM_{2.5}$含量的主要因素，再与未进行特征选择的预测模型比较中发现经过特征选择后的模型具有更高的预测准确性。

此外，早期对臭氧浓度的预测研究以短期且局地观测为主，多基于污染源在线排放数据、气象监测数据及空气质量监测数据构造特征，对局部地区进行逐小时或逐日的臭氧浓度预测，缺少对全球范围内的地区及长期的臭氧浓度的预测。

本节采用 2010 年至 2014 年世界 5577 个地区的长期空气质量指标观测数据，利用监测站点的地理信息及环境信息作为特征输入，提出一种基于贝叶斯优化的 XGBoost-RFE 特征选择模型 BO-XGBoost-RFE，并基于最优特征子集利用多种机器学习算法对臭氧浓度进行预测。由于在递归消去特征选择过程中涉及底层模型超参数的选择，不同的超参数组合会导致模型选取的特征子集存在差别，从而使得模型得到的特征子集可能并非为最优解。本节结合贝叶斯优化算法消去基于 XGBoost 的递归特征并进行调整参数，获得最佳参数组合及该参数组合下的最优特征子集。在全球范围长期臭氧浓度预测的实验中表明，在经过贝叶斯优化的 XGBoost-RFE 特征选择后多个预测模型的准确率均高于基于全部特征与皮尔逊相关关系特征选择模型的准确率。

5.1.2 研究方法

1. XGBoost 模型

XGBoost 模型最早由 Chen 等[156]于 2016 年提出，是一种基于梯度提升决策树(GBDT)的属于 Boosting 方法的高效系统实现。该模型将目标函数进行二阶泰勒展开，将目标函数的优化问题转化为求解二次函数的最小值，同时将树复杂度作为正则化项加入目标函数中，提升模型的泛化性能。模型的目标函数如式(5-1)所示。

$$O = \sum_{i=1}^{n} L(y_i,\ \hat{y}_i) + \sum_{k=1}^{K} \Omega(f_k) \tag{5-1}$$

式中，n 为样本容量；y_i 为第 i 个样本的真实值；$\hat{y}_i$ 为第 i 个的样本预测值；$L(y_i,\ \hat{y}_i)$ 刻画真实值 y_i 与预测值 $\hat{y}_i$ 之间的差异；$\Omega(f_k)$ 为树复杂度；K 为特征数。

将目标函数进行泰勒二阶展开，如式(5-2) 所示。

$$O^t = \sum_{i=1}^{n} \left[g_i f_t(x_i) + \frac{1}{2} h_i f_t^2(x_i) \right] + \Omega(f_k) + C \tag{5-2}$$

其中，定义损失函数的一阶、二阶导数分别为 g_i，h_i；$f_t(x_i)$ 为第 t 次迭代中 x_i 所在树的结构值，如式(5-3) 所示。

$$f_t(x) = w_{q(x)},\ w \in R^{\mathrm{T}},\ q:\ R^d \to \{1,\ 2,\ \cdots,\ T\} \tag{5-3}$$

式中，q 为树的结构，将输入样本 $x_i \in R^d$ 映射到叶子节点中；T 为树叶子节点的个数；w 为长度为 T 的一维向量，代表各叶子节点的权重。

树的复杂度由树的叶子节点个数与节点权重向量的 L_2 范数加权而得，定义式(5-4)：

$$\Omega(f_t) = \gamma T + \frac{1}{2}\lambda \sum_{j=1}^{T} w_j^2 \tag{5-4}$$

此时，目标可以改写成，如式(5-5) 所示。

$$\begin{aligned} O^t &= \sum_{j=1}^{t} \left[G_j w_i + \frac{1}{2}(H_j + \lambda) w_j^2 \right] + \gamma T \\ &= -\frac{1}{2} \sum_{j=1}^{T} \frac{G_j^2}{H_j + \lambda} + \gamma T \\ G_j &= \sum_{i \in I_j} g_i \\ H_j &= \sum_{i \in I_j} h_i \end{aligned} \tag{5-5}$$

式中，I_j 为第 j 个叶子节点的样本集合；λ，γ 为权重因子。

2. 重要性度量指标

XGBoost 模型中对特征重要性的计算方式主要包括特征分类次数(weight)、特征平均增益值(gain)和特征平均覆盖率(cover)。本节使用平均信息增益值作为对特征重要性的衡量标准。每一个分裂点的增益计算公式如式(5-6)所示。

$$\begin{aligned}\text{Gain} &= W_{L+R} - (W_L + W_R) \\ &= \frac{1}{2}\left[\frac{G_L^2}{H_L + \lambda} + \frac{G_R^2}{H_R + \lambda} - \frac{(G_L + G_R)^2}{H_L + H_R + \lambda}\right] - \gamma\end{aligned} \tag{5-6}$$

3. 基于 XGBoost 的递归特征消去算法

递归式特征消除(RFE)是一种属于 Wrapper 的序列后向选择算法[157]，该方法利用特定的底层算法，通过递归的方式，不断减少特征集的规模来选择特征。RFE 首次由 Guyon 等[158]基于 SVM 模型提出，该模型在基因选择过程中取得了非常好的效果，之后成为基因选择研究中广泛使用的方法。XGBoost-RFE 将 XGBoost 作为外部学习算法进行特征选择，对每一轮特征子集中特征的重要性进行排序，剔除重要性最低的特征，从而递归减少特征集规模，特征重要度在每一轮模型训练中不断被更新。本研究在对选定的特征集合的基础上利用交叉验证，计算每个特征集合下的交叉验证误差，确定平均绝对误差(MAE)最小的特征集合。算法流程如图 5-1 所示。

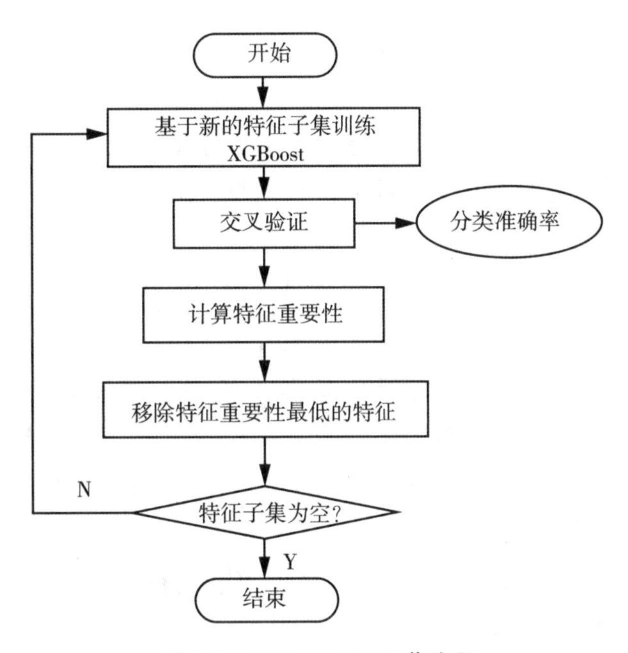

图 5-1　XGBoost-RFE 工作流程

XGBoost-RFE 算法流程如下：

(1)从包含全部样本的训练集 T 中训练 XGBoost，使用 5 折交叉验证法，基于平均绝对误差(MAE)评价每一轮特征消除后 XGBoost 基于新特征子集的预测精度。

(2)计算基于增益(Gain)的特征集合中每一个特征 $\propto$ 的重要性 IM($\propto$)，并进行排序。

(3)根据序列后向选择，删除重要性最低的特征，将剩余的特征子集重复步骤(1)、(2)，直至特征子集为空。根据每一个特征子集交叉验证的结果确定预测精度最高的特征子集。

5.1.3　模型结构

1. 贝叶斯优化

本节基于 XGBoost-RFE 进行特征选择，由于特征选择过程中涉及底层模型超参数的选择，不同的超参数组合会导致模型选取的特征子集存在差别，因此得到的特征子集可能并非最优解。为了得到最优子集，本节结合贝叶斯优化算法对模型进行调整参数，进而获得最优的特征子集。如今常见的参数寻优方法为网格搜索法及随机搜索法。网格搜索法采取遍历参数集的方法，效率低下，面对参数空间很大和参数繁多的模型，容易导致维度爆炸，不具有可行性。采用随机搜索法对参数随机寻优，容易遗漏最优解。采用贝叶斯优化(Bayesian Optimization，BO)可以有效地处理这一问题[159]。BO 寻优效率高，能够花费较少的计算成本找到优秀的参数集[160]。

贝叶斯优化算法基于目标函数的历史评估结果去建立目标函数的概率代理模型，在选择下一组超参数时充分利用了之前的评价信息，减少了超参数的搜索次数，得到的超参数最有可能是最优的，从而可以提高模型的精度。贝叶斯优化算法以贝叶斯定理为基础，通过最大化采集函数得到下一个最有潜力的评估点 x，进而评估目标函数值 y，将新得到的 (x, y) 添加到已知评估点集合中，更新概率代理模型，依次循环从而得到最优解[161]。贝叶斯优化主要包括两个部分：概率代理模型(Probabilistic Surrogate Model，PSM)和采集函数(Acquisition Function，AC)。概率代理模型是指表示未知目标函数的概率模型。其中高斯过程(Gaussian Process，GP)具有很强的拟合函数的性能，因此应用最广泛。

高斯过程是对于需要优化的 XGBoost 模型的参数组合，如式(5-7)所示：

$$\begin{cases} f(x) \sim gp(m(x), k(x, x')) \\ m(x) = E[f(x)] \\ k(x, x') = E[(f(x) - m(x))(f(x') - m(x'))] \end{cases} \tag{5-7}$$

式中，$m(x)$ 为均值函数；$k(x, x')$ 为协方差函数，未知函数的先验分布可表示为

$p(f_{1:t} \mid D_{1:t}) \sim N(0, K_t)$，其中$f_{1:t}$为采样点对应的$f$值集合，$K_t$为协方差函数构成的协方差矩阵。

采集函数一般有 PI，EI，UCB。本节选择 PI(Probability of Improvement)函数作为采集函数。PI 表示采集的下一个样本点提升最优目标函数的可能性，如式(5-8)所示。

$$\alpha_t(x; D_{1:t}) = p(f(x) \leqslant v^* - \xi) = \phi\left[\frac{v^* - \xi - \mu_t(x)}{\sigma_t(x)}\right] \tag{5-8}$$

式中，v^* 为当前目标函数的最优值；$\phi(\cdot)$ 是标准正态分布累积密度函数；ξ 是平衡参数。通过调整 ξ 大小，可以避免陷入局部最优，实现在全局搜寻最优值。

2. BO-XGBoost-RFE

XGBoost-RFE 以 XGBoost 作为特征递归消去的底层学习器，采用序列后向选择方法，根据 XGBoost 输出的特征重要性度量对特征进行排序并选择，但 XGBoost 模型具有的超参数较多，利用不同的超参数组合，会导致模型在特征选择过程中所得的最优子集有所不同。使用不恰当的超参数可能导致所得子集不是最优子集。因此利用贝叶斯优化以 XGBoost 为底层学习器的递归消去模型，搜索出能使降维后交叉验证误差最小的超参数及对应的最优子集。

以 XGBoost-RFE 交叉验证所得最优特征子集的准确率作为目标函数，模型的不同参数组合为自变量，构成代理模型框架，进行贝叶斯优化迭代。XGBoost-RFE 模型参数优化流程如图 5-2 所示。

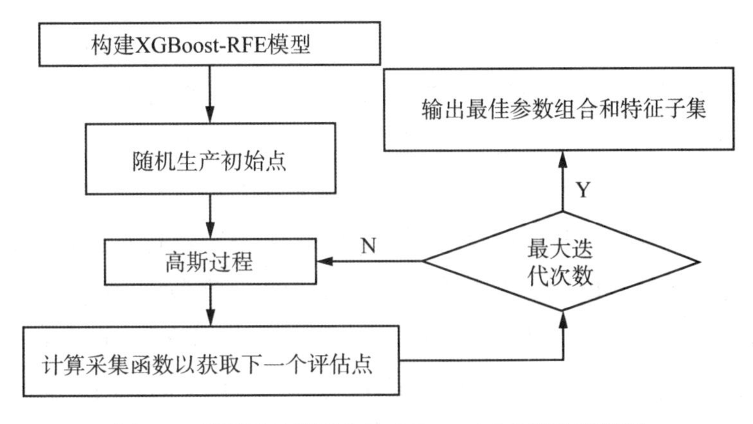

图 5-2 基于贝叶斯优化的 XGBoost-RFE 算法流程图

BO-XGBoost-RFE 算法具体流程如下：

(1)初始化 XGBoost 模型参数及超参数取值范围，生成随机初始化点。将训练集和初始化参数作为贝叶斯优化中高斯模型的输入变量，将每一组参数下 XGBoost-RFE 的交叉验证结果作为目标函数，修正参数改进高斯模型。

(2)在修正后的高斯模型选取待评估的参数组合点，使得采集函数达到最优，同时高斯模型比其余参数组合点更逼近目标函数的真实分布，得到最优参数组合。

(3)将参数组合输入模型进行训练，输出对应的参数组合以及模型的预测误差$(x, f(x))$，将新的采集样本$(x, f(x))$添加到历史采样集D^*，并更新高斯模型。

(4)当迭代达到最大次数时，停止模型更新，输出最优采样点和对应的最优子集。

5.1.4　实证分析

1. 实验数据

本研究使用的数据集为 Betancourt 等[162]基于 TOAR 数据库[163]提取的 2010—2014 年世界 5577 个地区长期空气质量指标数据。数据集主要包括监测站点地理位置信息(如经纬度、所属区域、海拔高度等)及站点环境信息(如人口密度、夜晚光照强度、植被覆盖面积等)。由于难以直接对如工业活动程度、人类活动程度等因素进行量化，因此利用如夜晚平均光强、人口密度等环境信息作为上述因素的代理变量。臭氧指标通过从各地区空气质量观测点记录每小时臭氧浓度，将收集到的臭氧时间序列以一年为单位聚合为一个指标，使用较长的聚合期可以用于平均短期的天气波动。实验数据共有 35 个输入变量，包括 4 个类别型属性，31 个连续型属性，预测变量为各地区 2010—2014 年平均臭氧浓度。将总样本数的 4/5 作为训练集，1/5作为测试集。

2. 参数选择

根据 XGBoost-RFE 算法进行特征选择，采用 XGBoost-RFE 与交叉验证法相结合的方式，计算每一个 RFE 阶段选定特征集合的 5 折交叉验证结果，以平均绝对误差(MAE)作为评价准则，最终确定交叉验证平均绝对误差(MAE)最低的特征数量与相应的特征子集。同时，利用贝叶斯优化算法对 XGBoost-RFE 进行超参数调整，进而得到交叉验证平均绝对误差(MAE)最低情况下的特征子集。本节中 XGBoost 模型参数包括学习率(learning_rate)，树的数目(n_estimators)，树的最大深度(max_depth)，gamma，L1 正则化(reg_alpha)，L2 正则化(reg_lambda)，列采样率(colsample_bytree)，构建每棵树采样率(subsample)。在给定的参数范围内，采用贝叶斯优化算法，以 XGBoost-RFE 五折交叉验证的平均绝对误差(MAE)作为目标函数，控制迭代次数为 100 次，获得对应最低 MAE 的超参数组合及最优特征子集。贝叶斯优化迭代过程如图 5-3 所示。XGBoost-RFE 参数范围及优化值见表 5-1。在上述优化的超参数下 XGBoost-RFE 特征选择结果如图 5-4 所示，平均绝对误差最低的特征子集中特征数量为 22，MAE 为 2.410。

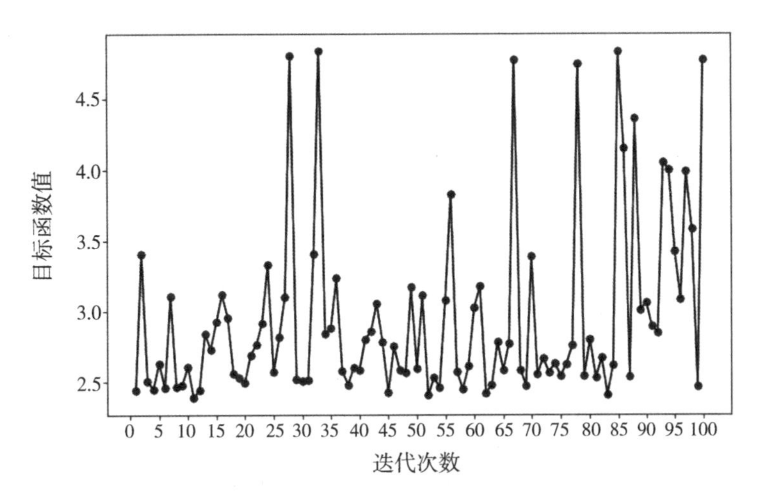

图 5-3　贝叶斯优化迭代过程

表 5-1　XGBoost-RFE 参数范围及优化值

参数	参数范围	优化值
学习率	(0.001, 0.3)	0.0798
迭代次数	(50, 250)	134
最大深度	(3, 15)	8
Gamma	(0, 1)	0.676
reg_alpha	(0, 1)	0.4873
reg_lambda	(0, 1)	0.2451
树的列采样率	(0.1, 1)	0.7144
池化层	(0.1, 1)	0.823

同时将未采用贝叶斯优化的 XGBoost-RFE 特征选择模型与本节算法进行对比。底层模型 XGBoost 默认参数设置为：学习率为 0.3，最大深度为 3，gamma 为 0，树的列采样率为 1，池化层为 1，reg_alpha 为 1，reg_lambda 为 0。测试结果显示未进行调整参数的 XGBoost-RFE 交叉验证误差 MAE 大于本节算法，并且所得的特征子集维度高于本节算法所得子集维度，如表 5-2 所示。

3. 预测结果比较

为了检验预测模型的预测精度，通过平均绝对误差(MAE)、均方根误差(RMSE)、可决系数(R^2)3 个指标对预测结果进行评价，表达式为式(5-9)~式(5-11)。

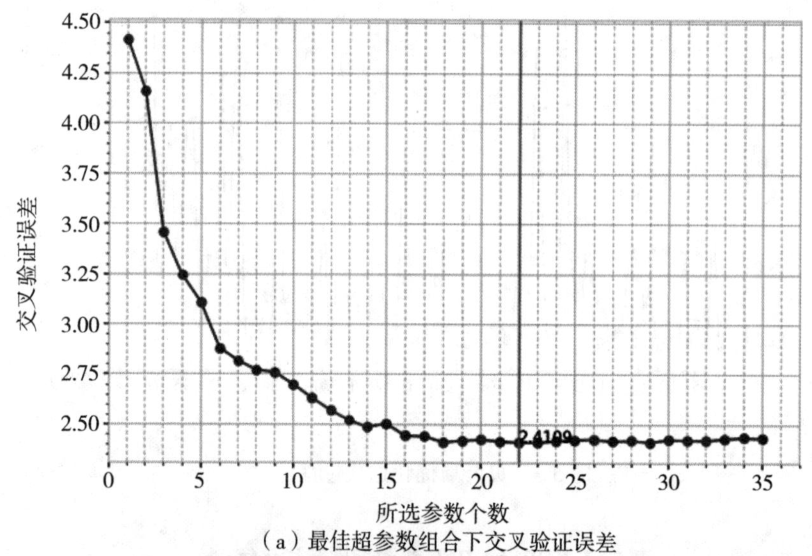

（a）最佳超参数组合下交叉验证误差

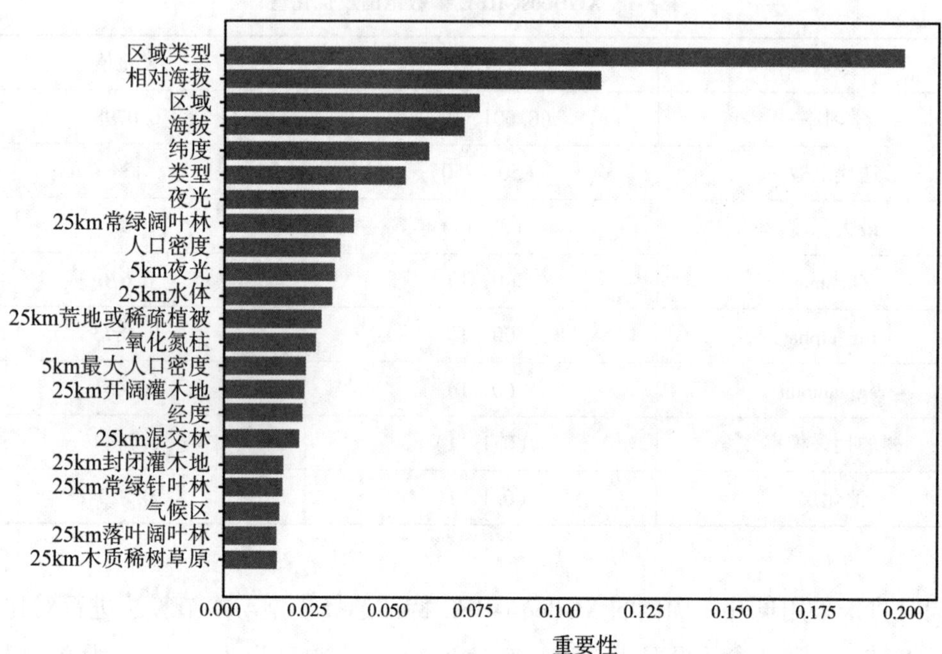

（b）最佳超参数组合下最优子集特征重要性

图 5-4　XGBoost-RFE 特征选择结果

表 5-2　模型 MAE 值及特征子集维度

模型	MAE	Feature num
XGBoost-RFE	2. 516	29
BO-XGBoost-RFE	2. 410	22

$$MAE = \frac{1}{n}\sum_{i=1}^{n} |(y_i - \hat{y}_i)| \tag{5-9}$$

$$RMSE = \sqrt{\frac{1}{n}\sum_{i=1}^{n} (y_i - \hat{y}_i)^2} \tag{5-10}$$

$$R^2 = 1 - \frac{\sum_{i=1}^{n} (\hat{y}_i - y_i)^2}{\sum_{i=1}^{n} (y_i - \bar{y})^2} \tag{5-11}$$

式中：n 为样本数；y_i 为真实值；$\hat{y}_i$ 为预测值；$\bar{y}$ 为真实值的均值。

将本节中基于贝叶斯优化的 XGBoost-RFE 特征选择算法与使用全特征的及基于皮尔逊相关性检验的特征选择进行对比。皮尔逊相关系数衡量了两个变量之间的相关性。本研究选择与预测变量相关性小于 0.1，同时删除相关性大于 0.9 的变量以避免多重共线性。

利用 XGBoost、随机森林、支持向量回归机、KNN 算法，分别使用全特征集合、基于皮尔逊相关系数及基于贝叶斯优化的 XGBoost-RFE 的特征对臭氧浓度进行预测，根据上述评价指标，可得到三种算法降维前后的预测性能结果对比。各预测模型的 MAE，RMSE，R^2结果如表 5-3 所示。

表 5-3　预测性能结果

模型	基于贝叶斯优化			基于皮尔逊相关系数			基于全特征		
	MAE	RMSE	R^2	MAE	RMSE	R^2	MAE	RMSE	R^2
XGBoost	2.386	3.281	0.718	2.590	3.462	0.675	2.478	3.368	0.698
RF	2.374	3.206	0.720	2.500	3.380	0.690	2.407	3.266	0.710
SVR	2.676	3.631	0.659	2.912	3.871	0.583	2.677	3.620	0.636
KNN	2.817	3.808	0.606	2.873	3.837	0.601	2.836	3.834	0.601

在四类预测模型中，随机森林得到最高的预测精度，在基于三个不同维度的数据集中均得到了最低的 MAE，RMSE，最高的 R^2，具有最优的预测性能，并且均高于基准的预测精度。四个预测模型在基于皮尔逊相关关系特征选择上的预测精度都低于基于 BO-XGBoost-RFE 上的预测精度，说明只通过相关关系对特征进行选择并不能较准确地提取出重要的变量。除基于 BO-XGBoost-RFE 的支持向量回归模型 RMSE 略低于基于全特征的 RMSE 之外，XGBoost，RF，KNN 在 BO-XGBoost-RFE 特征选择后预测准确率均高于基于全特征与基于皮尔逊相关关系特征降维的预测精度，说明基于

BO-XGBoost-RFE的特征选择有效地提取了重要特征，提高了基于多种预测模型的预测精度，具有较好的降维性能。

5.1.5　小结

本节采用 2010—2014 年 TOAR 数据库中世界 5577 个地区的长期空气质量指标观测数据，利用监测站点的地理信息及环境信息作为特征，对长期臭氧平均浓度进行预测。然而，由于原数据中包含大量影响臭氧浓度的环境信息，不相关信息的加入会增加数据的噪声，从而降低预测的准确率，因此需要对变量进行选择。本节提出了一种基于贝叶斯优化的 XGBoost 递归特征消去方法，以提取重要变量，提高了对长期臭氧浓度预测的准确率。

本研究数据集通过结合了臭氧形成机制[164]，建立了包括站点位置及与环境信息相关的特征，并将多年臭氧浓度数据进行汇总平均作为长期臭氧浓度的指标。较长的聚集期平均了短期的天气波动，使其不受短期天气和异常排放等影响。臭氧是由前体物质排放形成的二次污染物，在其大气寿命期间会经历各种物理和化学过程。在对臭氧的短期预测中，大多使用历史排放数据、气象监测数据及大气污染物监测数据构造特征对浓度进行预测。然而，历史气象监测数据与大气污染物数据并不适用于对较长时间尺度上臭氧浓度的预测。由于臭氧浓度是由前体排放、土地利用、土地覆盖及气候条件等许多相互关联的因素决定的，但无法准确地对其中许多因素及其相互关系进行量化，因此可以通过使用与臭氧形成机制过程中相关影响因素的代理变量来构建特征，以预测长期臭氧浓度。例如，数据集中的一个变量是站点所在的气候带(climatic zone)。为了更好地代表天气对站点臭氧浓度的影响，可以使用站点所在的气候带作为较长时间尺度上的天气指标。利用气候带这一变量代表监测站点的长期气候条件。此外，臭氧前体排放主要来源包括交通等人类活动及工业活动的排放。利用站点的人口密度和从太空观测的夜间平均光强，作为人类活动与工业生产的代理变量。这种方法使得通过获得站点所在地区本身的环境信息来预测该地长期的臭氧浓度成为可能。

本研究数据中的站点主要分布在北半球，少量站点位于南半球，共包括 15 个地区，主要集中于北美(NAM)地区、欧洲(EUR)与东亚(EAS)地区。后续研究可以添加更多站点信息，扩大数据覆盖范围，同时可以考虑利用更多的环境信息作为输入变量，通过加入更加全面的信息进一步提高长期臭氧浓度预测的准确率。

5.2 基于 KNN-Prophet-LSTM 模型的臭氧浓度时空预测

5.2.1 概述

近年来，我国臭氧(O_3)污染问题日益显现，京津冀及周边地区、长三角地区、汾渭平原等区域臭氧浓度呈上升趋势，尤其是在夏秋季节已成为部分城市的首要污染物[26]。臭氧作为氮氧化物(NO_x)和挥发性有机物(VOCs)等污染物在大气中发生光化学反应生成的二次污染物，对人体的心血管和呼吸系统具有强烈的刺激性作用，会导致多种疾病的发生。因此，对臭氧污染的预测可以为政府实施环境管理决策提供有效依据。

目前针对空气监测站点的污染物浓度预测方法主要存在以下问题：①忽略站点数据的时间相关性，未进行较长时间细粒度的预测，大多数是对未来 1h 的预测；②深度学习模型在提供高精度的同时，其可解释性较差；③忽略了污染物浓度分布的区域性。本节针对上述问题，本节使用武汉市 2014 年 1 月 1 日至 2021 年 5 月 3 日污染物浓度日数据，综合考虑时间和空间的特点，建立了基于 KNN-Prophet-LSTM 组合模型的预测方法。首先通过 Prophet 分解方法将数据分为趋势项、周期项及误差项，综合考虑 Prophet 和 LSTM 两种模型的优势，趋势项和周期项使用 Prophet 模型进行预测，误差项使用 LSTM 模型进行预测，并加入 KNN 算法进行时空信息的融合，进行逐日的 O_3 浓度值的预测。为了突出 KNN-Prophet-LSTM 混合模型的有效性与合理性，设置了四组对比实验，将其与单一模型 ARIMA、Prophet、LSTM 及混合模型 Prophet-LSTM 进行对比，实验结果表明：

(1)武汉市臭氧日最大 8h 平均浓度存在显著的周期性变化；周边环境的不同会导致区域内臭氧浓度变化存在差异性，相近站点的臭氧浓度变化会存在较高的相似性。

(2)Prophet 分解算法对原时间序列进行分解，可以有效地提取时间序列信息，并去除噪声，从而使得预测精度得到明显提升。

(3)通过 KNN 算法，考虑周围站点的空间信息，从而能够进一步提高模型的精度，与基线模型 ARIMA 相比，分别提高了约 49.76%(MAE)和 46.81%(RMSE)的精度。

(4) 混合模型的预测效果普遍优于单一模型，预测精度更高。

5.2.2 研究方法

1. Prophet

Prophet 是 Facebook 公司在 2017 年开源的时间序列预测模型，Prophet 以灵活简单的使用方式广受欢迎，能够自动对缺失值进行填补，并且具有非常不错的预测效果。Prophet 采用时间序列分解方式对时间序列进行预测建模，Prophet 的模型构成式见式(5-12)。

$$y(t)=g(t)+s(t)+h(t)+\varepsilon \tag{5-12}$$

式中，$g(t)$ 为趋势项；$s(t)$ 为周期项；$h(t)$ 为节假日项；ε 为随机波动项。

(1)趋势项：Prophet 模型的趋势项采用了基于改进的 Logistic 增长函数对时间序列中的非周期性变化进行拟合，如式(5-13)所示。

$$\begin{gathered} g(t)=\frac{c(t)}{1+\exp[-(k+\alpha(t)^{\mathrm{T}}\delta)][t-(m+\alpha(t)^{\mathrm{T}}\gamma]} \\ a(t)=\begin{cases}1, & t>s_j\\ 0, & 其他\end{cases} \end{gathered} \tag{5-13}$$

式中，C 为模型的容量，即增长的饱和值，是时间 t 的函数；$k+\alpha(t)^{\mathrm{T}}\delta$ 为模型随时间变化的增长率；$m+\alpha(t)^{\mathrm{T}})\gamma$ 为偏移量；s_j 为在时间序列变化过程中增长率发生变化的突变点；δ 为突变点处增长率的变化量。

(2)周期项：Prophet 模型使用傅里叶级数来模拟时间序列的周期性，如式(5-14)所示。

$$s(t)=\sum_{n=1}^{N}\left(a_n\cos\left(\frac{2\Pi nt}{p}\right)+b_n\sin\left(\frac{2\Pi nt}{p}\right)\right) \tag{5-14}$$

式中，p 为某个固定的周期；N 为模型中需要使用的周期个数；a_n，b_n 为待估参数。

(3)节假日项：Prophet 模型将一年中出现的不同节假日对时间序列趋势变化的影响看作一个个独立的模型并且为每个模型设置单独的虚拟变量，如式(5-15)所示。

$$h(t)=Z(t)k=\sum_{i=1}^{L}k_i\cdot 1_{\{t\in D_i\}} \tag{5-15}$$

式中，k_i 为节假日对预测值的影响；D_i 为虚拟变量。

Prophet 模型的主要优点为：能够灵活地对周期性进行调整，并且可以对时间序列的趋势进行不同假设；不需要对缺失值进行填补，模型会自动处理缺失值；能够在较短的时间内得到需要预测的结果；能够针对不同场景调整预测模型的参数来改进模型。

2. LSTM

长短时记忆网络(LSTM)是基于传统循环神经网络(RNN)的一种改进的模型，在时间序列预测方面具有良好的性能，LSTM 具有更精细的信息传递机制，能够解决 RNN 在实际应用过程中所面临的长期记忆力不足、梯度消失或梯度膨胀等问题，使得 LSTM 具有处理时间序列中的长期依赖问题的能力。LSTM 模型结构如图 5-5 所示。

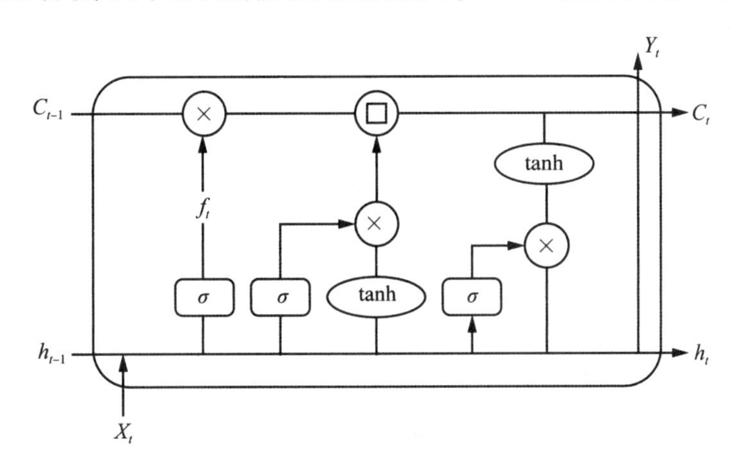

图 5-5 LSTM 神经元内部结构

LSTM 依靠输入门、输出门、忘记门三个单元结构来实现对细胞状态的控制和保护，输入门控制信息流入，输出门控制信息流出，忘记门控制记忆单元记录历史细胞状态的强度，各状态门的主要功能如下：

（1）输入门：确定哪些信息进入细胞状态中并且更新细胞状态信息。通过 sigmoid 函数决定需要更新的值，进而通过 tanh 函数创建一个新的值向量，最后更新最新的细胞状态，如式(5-16)所示。

$$
\begin{aligned}
i_t &= \sigma(W_t[h_{t-1}, x_t] + b_t \\
C_t &= f_t C_{t-1} + i_t \times \tanh(W_c[h_{t-1}, x_t]) + b_c
\end{aligned}
\tag{5-16}
$$

式中，W_t、W_c 为权重向量；b_t、b_c 为偏差向量。

（2）忘记门：通过对历史信息进行选择性处理，从而确定细胞状态中哪些信息需要丢失及哪些信息需要保留。输入为 h_{t-1} 和 x_t，通过 sigmoid 函数计算得到忘记门 f_t，如式(5-17)所示。

$$
f_t = \sigma(W_f[h_{t-1}, x_t]) + b_f \tag{5-17}
$$

式中，W_f 为权重向量；b_f 为偏差向量。

（3）输出门：确定需要输出的信息，首先利用 sigmoid 函数将输出值转化为 0 和 1，1 表示输出，0 表示不输出，将细胞状态与得到的值相乘输出最后的信息，如式(5-18)所示。

$$
\begin{aligned}
o_t &= \sigma(W_o[h_{t-1}, x_t] + b_o) \\
h_t &= o_t + \tanh(C_c)
\end{aligned}
\tag{5-18}
$$

式中，W_o 为权重向量；b_o 为偏差向量。

3. KNN 算法

KNN 算法是一种有监督学习的分类算法，其实现较简单，训练速度较快。KNN 通过空间中两个点的距离来度量其相似度，距离越小，相似度越高。通过最邻近的 k 个点归属的主要类别，来对测试点进行分类。常见的距离度量方式有欧氏距离、马氏距离、曼哈顿距离等。特征向量 X_i，X_j之间的欧氏距离计算公式见式(5-19)。

$$d_{ij} = \| X_i - x_j \|_2 = \sqrt{\sum_{m=1}^{k} (x_i(m) - x_j(m))^2} \tag{5-19}$$

式中，k 为特征向量的维度，$x_i(m)$、$x_j(m)$ 分别为 X_i，X_j 第 m 维的值，m 的取值范围为 1，2，…，k。

4. KNN-Prophet-LSTM 预测模型

在 Prophet 模型中，对具有强烈的季节性效应和几个季节的历史数据的时间序列拟合效果较好，且对数据缺失和趋势变化具有很强的稳健性，通常能很好地处理异常值，但模型的表达能力较简单，导致模型训练时，常常无法学到复杂的模式。当时间序列分解不完全时，会导致余项出现混沌，Prophet 模型无法对余项进行较好的拟合，从而导致预测精度降低。而 LSTM 模型作为一种深度学习模型，能够学习到时间序列中潜在的关系，从而充分提取有效的信息。若仅使用上述模型，则没有充分利用空间相关特征的问题，因此通过 KNN 算法对邻近的空间因素进行筛选，作为额外输入，构建 KNN-Prophet-LSTM 模型以实现对 O_3 浓度更精确的预测，具体预测流程如图 5-6 所示。

(1)数据预处理。在原始数据使用前，需要对缺失样本和异常值进行处理。经过统计，数据并无缺失，由于其数据的收集经过一系列严格的审核流程，认为其数据真实且有效，无须对数据进行去噪处理。鉴于检测站点各个污染因子有不同的量纲和量级，为了减小误差并加速模型训练，对数据进行 max-min 归一化处理，如式(5-20)所示。

$$x_j = \frac{x_i - x_{\min}}{x_{\max} - x_{\min}} \tag{5-20}$$

式中，x_i 为原数据；x_j 为归一化后的数据；$x_{\max}$，$x_{\min}$ 分别为数据中的最大值和最小值。

(2)采用 KNN 算法提取目标站点的空间相关特征，令 $K=1$，本节采用欧氏距离来衡量目标监测站和附近站点之间的相关程度，距离越小，相关性越强。KNN 算法选择过程如下所示：

①根据单站点的 Prophet-LSTM 模型中的时间步长 S_t 构建 O_3状态矩阵，区域中共有 m 个站点，t 时刻站点 i 的时间步状态量 X_t^i 和 t 时刻 O_3 状态矩阵 S_t 定义如式(5-21) ~

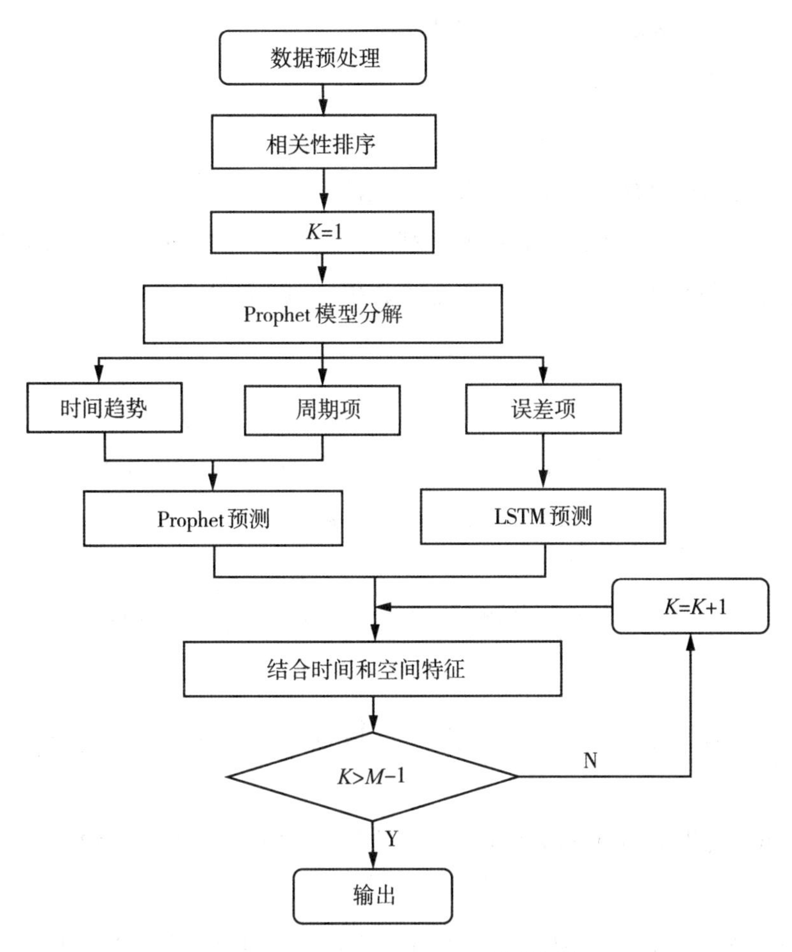

图 5-6 Prophet-LSTM-PSO 模型框架

式(5-22) 所示。

$$X_t^i = (x_{t-\mathrm{st}}^i \ x_{t-\mathrm{st}+1}^i \cdots x_{t-2}^i \ x_{t-1}^i)^{\mathrm{T}} \tag{5-21}$$

$$S_t = \begin{pmatrix} x_{t-\mathrm{st}}^1 & x_{t-\mathrm{st}}^2 & x_{t-\mathrm{st}}^3 & \cdots & x_{t-\mathrm{st}}^{m-1} & x_{t-\mathrm{st}}^m \\ x_{t-\mathrm{st}+1}^1 & x_{t-\mathrm{st}+1}^2 & x_{t-\mathrm{st}+1}^3 & \cdots & x_{t-\mathrm{st}+1}^{m-1} & x_{t-\mathrm{st}+1}^m \\ x_{t-\mathrm{st}+2}^1 & x_{t-\mathrm{st}+2}^2 & x_{t-\mathrm{st}+2}^3 & \cdots & x_{t-\mathrm{st}+2}^{m-1} & x_{t-\mathrm{st}+2}^m \\ \vdots & \vdots & \vdots & & \vdots & \vdots \\ x_{t-1}^1 & x_{t-1}^2 & x_{t-1}^3 & \cdots & x_{t-1}^{m-1} & x_{t-1}^m \\ x_t^1 & x_t^2 & x_t^3 & \cdots & x_t^{m-1} & x_t^m \end{pmatrix} \tag{5-22}$$

式中，x_n^u 为编号为 u 的站点在 n 时刻的 O_3 浓度值。

②通过计算目标站点与其他邻近站点(共 $m-1$ 个)t 时刻时间步状态量之间的欧氏

距离，并进行排序，选取前 k 个对应监测点的数据作为 t 时刻目标站点的空间相关因素，极为 X_{sp}，如式(5-23) 所示。

$$X_{sp} = (x_{sp}^1 \quad x_{sp}^2 \quad \cdots \quad x_{sp}^{k-1} \quad x_{sp}^k) \tag{5-23}$$

式中，x_{sp}^i 为 t 时刻与目标站点第 i 相关的站点浓度值。

(3)根据目标站点的历史污染数据，利用 Prophet-LSTM 网络提取时间特征。输入为目标站点 S_t 时间步的 6 种污染物浓度的数据，t 时刻输入数据 input_t，如式(5-24) 所示。

$$\text{input}_t = \begin{pmatrix} i_{t-st}^{co} & i_{t-st}^{no_2} & i_{t-st}^{so_2} & i_{t-st}^{o_3} & i_{t-st}^{pm_{10}} & i_{t-st}^{pm_{2.5}} \\ i_{t-st+1}^{co} & i_{t-st+1}^{no_2} & i_{t-st+1}^{so_2} & i_{t-st+1}^{o_3} & i_{t-st+1}^{pm_{10}} & i_{t-st+1}^{pm_{2.5}} \\ i_{t-st+2}^{co} & i_{t-st+2}^{no_2} & i_{t-st+2}^{so_2} & i_{t-st+2}^{o_3} & i_{t-st+2}^{pm_{10}} & i_{t-st+2}^{pm_{2.5}} \\ \vdots & \vdots & \vdots & \vdots & \vdots & \vdots \\ i_{t-2}^{co} & i_{t-2}^{no_2} & i_{t-2}^{so_2} & i_{t-2}^{o_3} & i_{t-2}^{pm_{10}} & i_{t-2}^{pm_{2.5}} \\ i_{t-1}^{co} & i_{t-1}^{no_2} & i_{t-1}^{so_2} & i_{t-1}^{o_3} & i_{t-1}^{pm_{10}} & i_{t-1}^{pm_{2.5}} \end{pmatrix} \tag{5-24}$$

式中，i_j^{co}，$i_j^{no_2}$，$i_j^{so_2}$，$i_j^{o_3}$，$i_j^{pm_{10}}$，$i_j^{pm_{2.5}}$ 为 j 时刻 CO、NO_2、SO_2、O_3、PM_{10}、$PM_{2.5}$的浓度值。

(4)将 KNN 提取的空间相关特征 x_{sp}^i 作为第二输入，与 Prophet-LSTM 的输出进行拼接。

(5)令 $K = K + 1$，重复步骤(3)、(4)，直到 $K > M$ 位置，其中 M 为邻近站点的数量。

(6)根据评价指标(选用 RMSE)确定最优的 K。

5.2.3　实证分析

5.2.3.1　监测站点及数据展示

本节研究数据来自于中国环境监测总站(http：//www.cnemc.cn/)，选取武汉市 2014 年 1 月 1 日至 2021 年 5 月 3 日污染物浓度日数据，数据总量为 2678 天，无缺失值。该数据将 2014 年 1 月 1 日至 2020 年 12 月 30 日历史数据作为训练集，2021 年 1 月 1 日至 2021 年 5 月 3 日数据作为测试集。采用训练集拟合模型参数，测试集评估模型的预测能力。站点名称及分布见图 5-7。

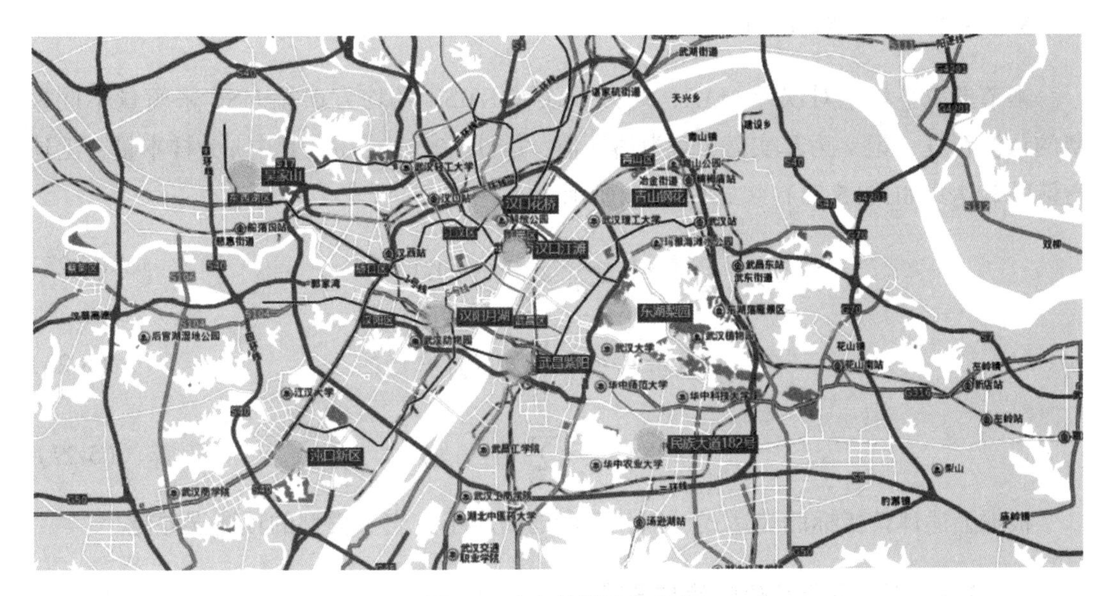

图 5-7 空气检测站点分布

根据各个站点 O_3时间序列的相关性可知：吴家山站点和沌口新区站点与其他站点间的相关系数不超过 0.6，而其他任意两站点间的相关性系数均超过 0.7，因此在进行空间站点选取时，忽略上述两个站点。O_3的数据分布如图 5-8 所示。

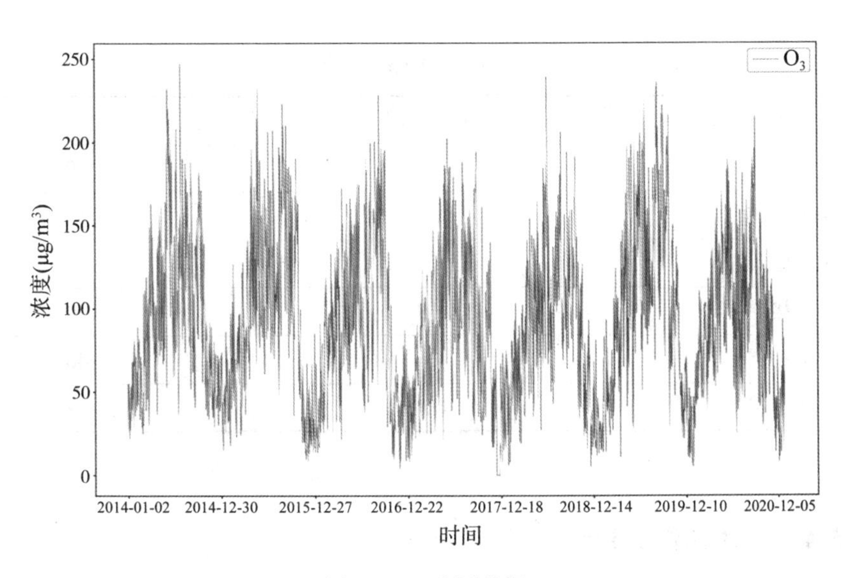

图 5-8 O_3监测数据

5.2.3.2　评估准则的选取

本节选取平均绝对误差 MAE，均方根误差 RMSE 及均方误差 MSE 来衡量不同模型的预测精度，记 y_i 为真实值，$\hat{y}_i$ 为估计值，$i=1, 2, \cdots, n$。其中 n 为样本量，上述指标的表达式如式(5-25) ～ 式(5-27) 所示。

$$\mathrm{MAE} = \frac{1}{n}\sum_{i=1}^{n} |\hat{y}_i - y_i| \tag{5-25}$$

$$\mathrm{RMSE} = \sqrt{\frac{1}{n}\sum_{i=1}^{n} (y_i - \hat{y})^2} \tag{5-26}$$

$$\mathrm{MSE} = \frac{1}{n}\sum_{i=1}^{n} (y_i - \hat{y})^2 \tag{5-27}$$

根据上述评价指标的表达式可知，三者的值越小，表示模型的预测误差越小。

5.2.3.3　实验环境及模型参数设置

实验环境及计算机配置如下：程序设计语言为 Python 3.8，开发环境采用 Visual Studio Code 编辑器，操作系统为 Windows 10(64 位)。

LSTM 层的时间步长(timestep)为 12，K 值选取为 3。具体网络参数设置如表 5-4 所示。

表 5-4　网络参数设置

Layer	输出形状	参数
输入层	(12，6)	0
Lstm 输出层	64	18176
Aux 输入层	2	0
连接层	66	0
第一层	6	402
输出层	1	7

5.2.3.4　实验结果与分析

1. 实验结果

根据 Prophet 分解原理，将周期性分解出来。如图 5-9 所示，从年度趋势来看，武汉市冬春季节 O_3浓度要高于夏秋季节，其中 7 月的 O_3浓度最低，2 月的 O_3 浓度最高。

从分解结果进行分析，进一步验证了模型的合理性和准确性。

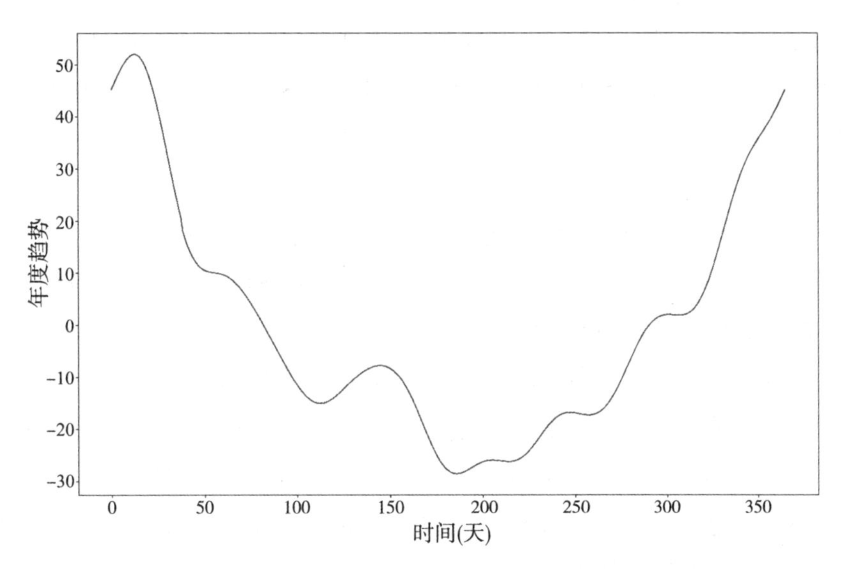

图 5-9　趋势项以及周期性示意图

本次实验进行了近三个月的预测，各个模型的拟合效果如图 5-10 所示。可以看出传统模型 ARIMA 和线性模型 Prophet 对数据的极端值不敏感，其拟合曲线较平滑。而 LSTM 对数据的预测不稳定，其波动性过大，导致模型拟合效果较差。而混合模型

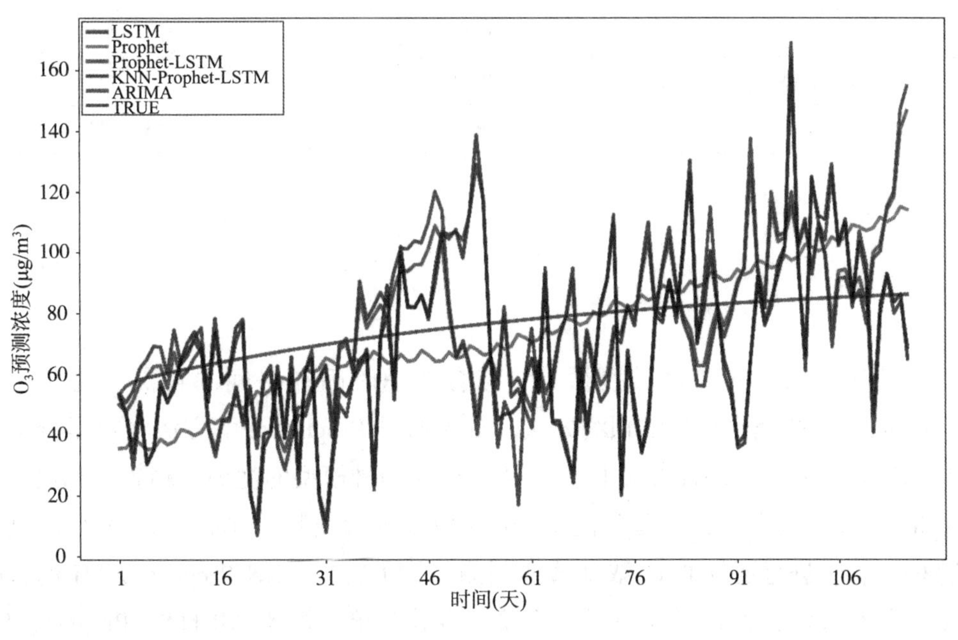

图 5-10　预测对比图

Prophet-LSTM 相对于上述单一模型而言，其预测结果的方差有所降低，精度也有提升，这是由于将时间序列数据分解之后，LSTM 仅仅预测了误差项，季节项和趋势项均由 Prophet 进行线性拟合，从而显著提升模型的预测效果。目标模型 KNN-Prophet-LSTM 通过 KNN 算法选择目标站点的空间相关信息，利用 LSTM 具有时间记忆的特点，从时间和空间两个维度考虑，进一步提高了模型的预测精度。

2. 模型对比分析

实验中比较了5种不同模型的性能，并选择 ARIMA 作为基线模型。对比结果如表5-5所示。在两个评价指标下，目标模型 KNN-Prophet-LSTM 均表现出最优的性能，其中 MAE、RMSE 分别为 10.9009、14.7334，相比于次佳模型(Prophet-LSTM)分别降低了 10.817、12.8043；与基线模型 ARIMA 相比，分别提高了约 49.77%(MAE)和 46.81%(RMSE)的精度。值得注意的是，尽管 LSTM 在处理多种类型的时间序列可达到较好的精度，但在对空气污染物浓度数据预测时，其效果甚至劣于传统模型 ARIMA。此外，通过进一步比较发现，混合模型相比于单一模型而言，具有更加优良的性能，对预测精度的提升较明显。

表5-5　模型对比

模　型	MAE	RMSE
ARIMA(2，0，2)	21.7003	27.6976
LSTM	25.8970	32.4554
Prophet	22.9098	28.4266
Prophet-LSTM	21.7179	27.5377
KNN-Prophet-LSTM	**10.9009**	**14.7334**

5.2.4　小结

本节使用武汉市污染物浓度数据，综合考虑时间和空间的特点，建立了基于 KNN-Prophet-LSTM 组合模型的预测方法。首先通过 Prophet 分解方法将数据分为趋势项、周期项及误差项，综合考虑 Prophet 和 LSTM 两种模型的优势，趋势项和周期项使用 Prophet 模型进行预测，误差项使用 LSTM 模型进行预测，并加入 KNN 算法进行时空信息的融合，进行逐日的 O_3 浓度值的预测。为了突出 KNN-Prophet-LSTM 混合模型的有效性与合理性，设置了四组对比实验，将其与单一模型 ARIMA、Prophet、LSTM 及混合模型 Prophet-LSTM 进行对比，实验结果表明：

(1)武汉市臭氧日最大 8h 平均浓度存在显著的周期性变化；周边环境的不同会导致区域内臭氧浓度变化存在差异性，相近站点的臭氧浓度变化会存在较高的相似性。

(2)Prophet 分解算法对原时间序列进行分解，可以有效地提取时间序列信息，并去除噪声，从而使得预测精度得到明显提升。

(3)通过 KNN 算法，考虑周围站点的空间信息，从而能够进一步提高模型的精度，与基线模型 ARIMA 相比，分别提高了约 49.77%(MAE)和 46.81%(RMSE)的精度。

(4)混合模型的预测效果要普遍优于单一模型，预测精度更高。

尽管本节提出的 KNN-Prophet-LSTM 对 O_3时间序列数据的浓度预测可达到较高的精度，但是对于误差项并未做过多的提取，导致包含的因素较多，从而对误差项的解释性较差。若能将误差项进一步分解，预测精度可能会得到进一步的提升。

5.3 本章小结

本章介绍了两种基于机器学习模型预测臭氧浓度的方法。5.1 节提出了基于贝叶斯优化的 XGBoost-RFE 特征选择模型，实验结果表明，经过贝叶斯优化的 XGBoost-RFE 模型在多个预测模型中的准确率均高于基于全部特征与基于皮尔逊相关关系特征选择模型的准确率，说明该方法在特征选择和模型预测方面具有显著优势。5.2 节提出了一种基于 KNN-Prophet-LSTM 的时空预测模型，该模型综合考虑了时间和空间的特点，通过 Prophet 模型对时间序列进行分解，结合 LSTM 模型对误差项进行预测，并利用 KNN 算法融合时空信息，进行逐日臭氧浓度的预测。实验结果显示，该混合模型在预测精度上明显优于单一模型，特别是在考虑空间信息后，模型的精度得到了显著提升。以上研究表明，机器学习模型能对臭氧浓度作出准确预测，有助于相关部门出台相关政策、实施控制措施，以将臭氧浓度调至合理水平。

第6章 总结与展望

6.1 研究总结

随着物联网、大数据技术的发展，时间序列数据的收集量呈爆炸性增长。传统的时间序列预测模型有自回归模型、移动平均模型、自回归移动平均模型和自回归差分移动平均模型等，但这些模型的有效性在很大程度上依赖模型参数的合理选择和模型结构的正确设定。在面对大规模、复杂的数据时，传统的时间序列预测模型难以捕捉数据中的全部信息和动态变化。机器学习技术的发展已经成功应用于各个领域，这些应用不仅提高了效率，还推动了相关行业的创新和变革。近年来，将机器学习模型与时间序列数据分析结合起来的研究越来越多，机器学习算法已经被看作时间序列分析的重要方法。本书专注于探讨机器学习技术在空气时间序列预测中的应用，特别是针对大气污染物浓度、空气质量指数、细颗粒物浓度及臭氧浓度等关键指标的预测。旨在帮助读者深入理解机器学习算法在空气质量预测领域的建模方法和应用实践，利用机器学习算法更准确地预测未来空气质量的变化趋势，为解决空气质量问题提供有力的技术支持，为环境保护、城市规划及公众健康提供科学依据。

本书首先介绍了空气时间序列预测的背景和意义，阐述了空气质量监测和预测的重要性，以及传统预测方法所面临的挑战。随着工业化和城市化的快速发展，大气污染问题日益严重，对人们的健康状况和生活质量造成了严重影响。因此，准确预测大气污染物浓度、空气质量指数、细颗粒物浓度和臭氧浓度等关键指标，对于制定有效的空气质量管理措施具有重要意义。接着，详细介绍了机器学习的基本原理和常用算法，包括监督学习、无监督学习等。通过对这些算法的原理、特点和应用场景的深入剖析，使读者对机器学习技术有一个全面的认识。

在建模部分，本书重点介绍了将机器学习算法应用于空气时间序列预测。首先，通过对原始空气数据的预处理、特征提取和选择，将数据转化为适合机器学习算法处理的形式。然后，结合具体的机器学习算法，构建适用于空气时间序列预测的模型。本书还针对大气污染物浓度、空气质量指数、细颗粒物浓度和臭氧浓度等具体指标，分别介绍了不同的建模方法和技巧，包括特征工程、模型选择、参数优化等。在应用部分，本书通过多个实际案例展示了机器学习在空气时间序列预测中的具体应用。这些案例涵盖了不同地域、不同时间段的空气质量预测任务，旨在让读者了解机器学习技术在处理实际问题中的应用方法和效果。

6.2 研究展望

机器学习算法在时间序列预测上的应用具有深远的理论意义和广泛的实用价值。随着技术的不断进步和数据的不断积累，机器学习在空气质量预测领域的应用将更加广泛和深入。本书针对机器学习模型在时间序列预测上的应用进行了大量的研究，由于个人能力和水平有限，还有很多不足和发展空间。本书为读者提供了进一步的研究方向和建议，以推动该领域的持续发展。

(1)探索和开发新的机器学习算法，特别是针对时间序列数据特性的算法，如长短期记忆网络、门控循环单元等循环神经网络的改进版本，以及 Transformer 等基于注意力机制的模型。

(2)研究如何使机器学习模型更好地适应时间序列数据中的非线性、非平稳性、季节性等复杂特性。通过引入自适应学习率、动态调整模型结构等技术，提高模型的泛化能力和预测精度。

(3) 研究自动化和智能化的特征提取方法，以减少对人工特征工程的依赖。利用深度学习等技术自动学习时间序列数据中的隐藏特征，提高模型的预测性能。

(4) 探索有效的特征选择和降维技术，以去除冗余和无关特征，降低模型的复杂度和计算成本。同时，研究如何保持重要信息不丢失，确保模型的预测准确性。

(5) 研究如何高效地处理大规模时间序列数据，包括数据存储、数据清洗、数据预处理等环节。利用分布式计算框架和并行处理技术，提高数据处理速度和效率。

参 考 文 献

[1]何清，李宁，罗文娟，等. 大数据下的机器学习算法综述[J]. 模式识别与人工智能，2014，27(4)：327-336.

[2]李静，徐路路. 基于机器学习算法的研究热点趋势预测模型对比与分析——BP 神经网络、支持向量机与 LSTM 模型[J]. 现代情报，2019，39(4)：23-33.

[3]Al-Qaness M A A, Fan H, Ewees A A, et al. Improved ANFIS model for forecasting Wuhan City Air Quality and analysis COVID-19 lockdown impacts on air quality[J]. Environmental research, 2021, 194: 110607.

[4]Prihatno A T, Nurcahyanto H, Ahmed M F, et al. Forecasting $PM_{2.5}$ concentration using a single-dense layer BiLSTM method[J]. Electronics, 2021, 10(15): 1808.

[5]Wang Z, Chen H, Zhu J, et al. Daily $PM_{2.5}$ and PM_{10} forecasting using linear and nonlinear modeling framework based on robust local mean decomposition and moving window ensemble strategy[J]. Applied Soft Computing, 2022, 114: 108110.

[6]Hu Y, Yao M, Liu Y, et al. Personal exposure to ambient $PM_{2.5}$, PM_{10}, O_3, NO_2 and SO_2 for different populations in 31 Chinese provinces[J]. Environment International, 2020, 144: 106018.

[7]Mukherjee A, Agrawal M. A global perspective of fine particulate matter pollution and its health effects[J]. Reviews of Environmental Contamination and Toxicology, 2017, 244: 5-51.

[8]Li L, Wu J, Hudda N, et al. Modeling the concentrations of on-road air pollutants in southern California[J]. Environmental science & technology, 2013, 47(16): 9291-9299.

[9]Wang X K, Lu W Z. Seasonal variation of air pollution index: Hong Kong case study[J]. Chemosphere, 2006, 63(8): 1261-1272.

[10]Kumar U, Jain V K. ARIMA forecasting of ambient air pollutants (O_3, NO, NO_2 and CO)[J]. Stochastic Environmental Research and Risk Assessment, 2010, 24(5): 751-760.

[11]Gocheva-Ilieva S G, Ivanov A V, Voynikova D S, et al. Time series analysis and

forecasting for air pollution in small urban area: An SARIMA and factor analysis approach[J]. Stochastic environmental research and risk assessment, 2014, 28(4): 1045-1060.

[12]Li X, Luo A, Li J, et al. Air pollutant concentration forecast based on support vector regression and quantum-behaved particle swarm optimization [J]. Environmental Modeling & Assessment, 2019, 24(2): 205-222.

[13]Liu H, Li Q, Yu D, et al. Air quality index and air pollutant concentration prediction based on machine learning algorithms[J]. Applied Sciences, 2019, 9(19): 4069.

[14]Li X, Peng L, Yao X, et al. Long short-term memory neural network for air pollutant concentration predictions: Method development and evaluation [J]. Environmental pollution, 2017, 231: 997-1004.

[15]Arsov M, Zdravevski E, Lameski P, et al. Short-term air pollution forecasting based on environmental factors and deep learning models[C]//2020 15th Conference on Computer Science and Information Systems (FedCSIS). IEEE, 2020: 15-22.

[16]He K, Zhang X, Ren S, et al. Deep residual learning for image recognition[C]//The IEEE conference on computer vision and pattern recognition. 2016: 770-778.

[17]Vaswani A, Shazeer N, Parmar N, et al. Attention is all you need[J]. Advances in neural information processing systems, 2017, 30.

[18]Wang K, Ma C, Qiao Y, et al. A hybrid deep learning model with 1DCNN-LSTM-Attention networks for short-term traffic flow prediction [J]. Physica A: Statistical Mechanics and its Applications, 2021, 583: 126293.

[19]Du S, Li T, Gong X, et al. A hybrid method for traffic flow forecasting using multimodal deep learning[J]. Computer Science, 2020, 13(1).

[20]Nguyen X A, Ljuhar D, Pacilli M, et al. Surgical skill levels: Classification and analysis using deep neural network model and motion signals[J]. Computer methods and programs in biomedicine, 2019, 177: 1-8.

[21]Cleveland R B, Cleveland W S, McRae J E, et al. STL: A seasonal-trend decomposition[J]. J. Off. Stat, 1990, 6(1): 3-73.

[22]Chen D, Zhang J, Jiang S. Forecasting the short-term metro ridership with seasonal and trend decomposition using loess and LSTM neural networks[J]. IEEE Access, 2020, 8: 91181-91187.

[23]Jiao F, Huang L, Song R, et al. An improved STL-LSTM model for daily bus passenger flow prediction during the COVID-19 pandemic[J]. Sensors, 2021, 21(17): 5950.

[24] Fu J, Liu J, Tian H, et al. Dual attention network for scene segmentation[C]//The IEEE/CVF conference on computer vision and pattern recognition. 2019: 3146-3154.

[25] Katsouyanni K, Pantazopoulou A, Touloumi G, et al. Evidence for interaction between air pollution and high temperature in the causation of excess mortality[J]. Archives of Environmental Health: An International Journal, 1993, 48(4): 235-242.

[26] Pouyaei A, Choi Y, Jung J, et al. Concentration Trajectory Route of Air pollution with an Integrated Lagrangian model (C-TRAIL Model v1.0) derived from the Community Multiscale Air Quality Model (CMAQ Model v5.2) [J]. Geoscientific Model Development, 2020, 13(8): 3489-3505.

[27] Powers J G, Klemp J B, Skamarock W C, et al. The weather research and forecasting model: Overview, system efforts, and future directions[J]. Bulletin of the American Meteorological Society, 2017, 98(8): 1717-1737.

[28] Chemel C, Fisher B E A, Kong X, et al. Application of chemical transport model CMAQ to policy decisions regarding $PM_{2.5}$ in the UK[J]. Atmospheric Environment, 2014, 82: 410-417.

[29] Djalalova I, Delle Monache L, Wilczak J. $PM_{2.5}$ analog forecast and Kalman filter post-processing for the Community Multiscale Air Quality (CMAQ) mode[J]. Atmospheric Environment, 2015, 108: 76-87.

[30] 汪辉，刘强，王昱，等. 基于Model-3/CMAQ和CAMx模式的台州市$PM_{2.5}$数值模拟研究[J]. 环境与可持续发展，2019，44(3)：93-96.

[31] 程兴宏，刁志刚，胡江凯，等. 基于CMAQ模式和自适应偏最小二乘回归法的中国地区$PM_{2.5}$浓度动力-统计预报方法研究[J]. 环境科学学报，2016，36(8)：2771-2782.

[32] 吴育杰. 基于WRF-CMAQ/ISAM模型的京津冀及周边地区$PM_{2.5}$来源解析研究[D]. 杭州：浙江大学，2019.

[33] Skamarock W C, Klemp J B, Dudhia J, et al. A description of the advanced research WRF model version 4[J]. National Center for Atmospheric Research: Boulder, CO, USA, 2019: 145.

[34] Im U, Markakis K, Unal A, et al. Study of a winter PM episode in Istanbul using the high resolution WRF/CMAQ modeling system[J]. Atmospheric Environment, 2010, 44(26): 3085-3094.

[35] 李霄阳. 开封市机动车限行对$PM_{2.5}$浓度影响的时空模拟[D]. 开封：河南大学，2019.

[36]魏哲，侯立泉，魏巍，等. 结合 WRF/Chem 和 PMF 方法的邯郸市 $PM_{2.5}$源解析[J]. 环境科学与技术，2017，40(11)：67-74.

[37]侯俊雄，李琦，朱亚杰，等. 基于随机森林的 $PM_{2.5}$实时预报系统[J]. 测绘科学，2017，42(1)：1-6.

[38]曲悦，钱旭，宋洪庆，等. 基于机器学习的北京市 $PM_{2.5}$浓度预测模型及模拟分析[J]. 工程科学学报，2019，41(3)：401-407.

[39]阳其凯，张贵强，张竞铭. 基于遗传算法与 BP 神经网络的 $PM_{2.5}$发生演化模型[J]. 计算机与现代化，2014(3)：15-18，7.

[40]He R R, Zhu L B, Zhou K S. Spatial autocorrelation analysis of air quality index (AQI) in eastern China based on residuals of time series models[J]. Acta Sci. Circumstantiae, 2017, 37: 2459-2467.

[41]Sigamani S, Venkatesan R. Air quality index prediction with influence of meteorological parameters using machine learning model for IoT application[J]. Arabian Journal of Geosciences, 2022, 15(4): 340.

[42]Jiao D F, Sun Z H. Regression analysis of air quality index[J]. Period. Ocean Univ. China, 2018, 48(S2): 228-234.

[43]Yang X, Zhang Z, Zhang Z, et al. A long-term prediction model of Beijing Haze episodes using time series analysis[J]. Computational Intelligence and Neuroscience, 2016, 2016(1): 6459873.

[44]Zhang C, Bai Y. Application of LSTM prediction model based on tensor flow in Taiyuan air quality AQI index[J]. J. Chongqing Univ. Tech. Nat. Sci, 2018, 32: 137-141.

[45]Hua H D, Wang C X. Prediction and diagnosis of air quality in Dalian city based on Bayesian networks[J]. Safety and Environmental Engineering, 2018, 25(1): 58-63.

[46]Kumar A, Goyal P. Forecasting of air quality index in Delhi using neural network based on principal component analysis[J]. Pure and Applied Geophysics, 2013, 170: 711-722.

[47]Ganesh S S, Arulmozhivarman P, Tatavarti V S N R. Air quality index forecasting using artificial neural networks-a case study on Delhi[J]. International Journal of Environment and Waste Management, 2018, 22(1-4): 4-23.

[48]Zhao X, Song M, Liu A, et al. Data-driven temporal-spatial model for the prediction of AQI in Nanjing[J]. Journal of Artificial Intelligence and Soft Computing Research, 2020, 10(4): 255-270.

[49]Xu T, Yan H, Bai Y. Air pollutant analysis and AQI prediction based on GRA and

improved SOA-SVR by considering COVID-19[J]. Atmosphere, 2021, 12(3): 336.

[50] Zhu J, Li B, Chen H. AQI multi-point spatiotemporal prediction based on K-mean clustering and RNN-LSTM model[C]//Journal of Physics: Conference Series. IOP Publishing, 2021, 2006(1): 012022.

[51] Chhikara P, Tekchandani R, Kumar N, et al. Federated learning and autonomous UAVs for hazardous zone detection and AQI prediction in IoT environment[J]. IEEE Internet of Things Journal, 2021, 8(20): 15456-15467.

[52] Liu X, Guo H. Air quality indicators and AQI prediction coupling long-short term memory (LSTM) and sparrow search algorithm (SSA): A case study of Shanghai[J]. Atmospheric Pollution Research, 2022, 13(10): 101551.

[53] Yan K, Liang J. AQI prediction based on CEEMD-WOA-Elman neural network[J]. Academic Journal of Computing & Information Science, 2021, 4(5): 8-15.

[54] Wang Z, Chen H, Zhu J, et al. Multi-scale deep learning and optimal combination ensemble approach for AQI forecasting using big data with meteorological conditions[J]. Journal of Intelligent & Fuzzy Systems, 2021, 40(3): 5483-5500.

[55] Ji C, Zhang C, Hua L, et al. A multi-scale evolutionary deep learning model based on CEEMDAN, improved whale optimization algorithm, regularized extreme learning machine and LSTM for AQI prediction[J]. Environmental research, 2022, 215: 114228.

[56] Vautard R, Ghil M. Singular spectrum analysis in nonlinear dynamics, with applications to paleoclimatic time series[J]. Physica D: Nonlinear Phenomena, 1989, 35(3): 395-424.

[57] De Baets L, Ruyssinck J, Peiffer T, et al. Positive blood culture detection in time series data using a BiLSTM network[C]//NeurIPS, 2016.

[58] Hochreiter S, Schmidhuber J. Long short-term memory[J]. Neural computation, 1997, 9(8): 1735-1780.

[59] Ma X J, Sha J L, Wang D, et al. Study on a prediction of P2P network loan default based on the machine learning LightGBM and XGboost algorithms according to different high dimensional data cleaning[J]. Electronic Commerce Research and Applications, 2018, 31: 24-39.

[60] Polydoras G N, Anagnostopoulos J S, Bergeles G C. Air quality predictions: dispersion model vs Box-Jenkins stochastic models. An implementation and comparison for Athens, Greece[J]. Applied Thermal Engineering, 1998, 18(11): 1037-1048.

[61] Alsoltany S N, Alnaqash I A. Estimating Fuzzy Linear Regression Model for Air Pollution Predictions in Baghdad City [J]. Al-Nahrain Journal of Science, 2015, 18 (2): 157-166.

[62] Huang C, Zhao X, Cheng W, et al. Statistical Inference of Dynamic Conditional Generalized Pareto Distribution with Weather and Air Quality Factors[J]. Mathematics, 2022, 10(9): 1433.

[63] Neagu C D, Kalapanidas E, Avouris N, et al. Air Quality Prediction Using Neuro-Fuzzy Tools[J]. IFAC Proceedings Volumes, 2001, 34(8): 229-235.

[64] Corani G. Air quality prediction in Milan: feed-forward neural networks, pruned neural networks and lazy learning[J]. Ecological modelling, 2005, 185(2-4): 513-529.

[65] Kim M H, Kim Y S, Sung S W, et al. Data-driven prediction model of indoor air quality by the preprocessed recurrent neural networks[C]//2009 ICCAS-SICE. IEEE, 2009: 1688-1692.

[66] Mellit A, Pavan A M, Benghanem M. Least squares support vector machine for short-term prediction of meteorological time series[J]. Theoretical and applied climatology, 2013, 111(1): 297-307.

[67] Singh K P, Gupta S, Kumar A, et al. Linear and nonlinear modeling approaches for urban air quality prediction [J]. Science of the Total Environment, 2012, 426: 244-255.

[68] Li X, Peng L, Hu Y, et al. Deep learning architecture for air quality predictions[J]. Environmental Science and Pollution Research, 2016, 23(22): 22408-22417.

[69] Yi X, Zhang J, Wang Z, et al. Deep distributed fusion network for air quality prediction[C]//24th ACM SIGKDD international conference on knowledge discovery & data mining. 2018: 965-973.

[70] Wen C, Liu S, Yao X, et al. A novel spatiotemporal convolutional long short-term neural network for air pollution prediction[J]. Science of the Total Environment, 2019, 654: 1091-1099.

[71] Ma J, Li Z, Cheng J C P, et al. Air quality prediction at new stations using spatially transferred bi-directional long short-term memory network [J]. Science of The Total Environment, 2020, 705: 135771.

[72] Li S, Xie G, Ren J, et al. Urban $PM_{2.5}$ concentration prediction via attention-based CNN-LSTM[J]. Applied Sciences, 2020, 10(6): 1953.

[73] Zhang L, Liu P, Zhao L, et al. Air quality predictions with a semi-supervised

bidirectional LSTM neural network[J]. Atmospheric Pollution Research, 2021, 12(1): 328-339.

[74]Vaswani A, Shazeer N, Parmar N, et al. Attention is all you need[J]. Advances in neural information processing systems, 2017, 30.

[75]Li S, Jin X, Xuan Y, et al. Enhancing the locality and breaking the memory bottleneck of transformer on time series forecasting[J]. The 33rd International Comference in Neural Information Processing Systems, 2019: 5243-5253.

[76]Zhang C, Bengio S, Hardt M, et al. Understanding deep learning (still) requires rethinking generalization[J]. Communications of the ACM, 2021, 64(3): 107-115.

[77]García Nieto P J, Combarro E F, del Coz Díaz, et al. A SVM-based regression model to study the air quality at local scale in Oviedo urban area (Northern Spain): A case study[J]. Applied Mathematics and Computation, 2013, 219(17): 8923-8937.

[78]Zhang L, Lin J, Qiu R, et al. Trend Analysis and Forecast of $PM_{2.5}$ in Fuzhou, China Using the ARIMA Model[J]. Ecological Indicators, 2018(95).

[79]Venkataraman V. Wavelet and Multiple Linear Regression Analysis for Identifying Factors Affecting Particulate Matter $PM_{2.5}$ in Mumbai City, India[J]. International Journal of Quality & Reliability Management, 2019, 36(10): 1750-1783.

[80]Zhou Y, Chang F J, Chang L C, et al. Multi-output Support Vector Machine for Regional Multi Step-ahead $PM_{2.5}$ Forecasting[J]. Science of the Total Environment, 2019(651): 230-240.

[81]Antanasijevic D Z, Pocajt V V, Povrenovic D S, et al. PM_{10} emission forecasting using artificial neural networks and genetic algorithm input variable optimization[J]. Science of the Total Environment, 2013, 443: 511-519.

[82]Zhang Y, Chen S, Zhou Y, et al. Monitoring bodily oscillation with RFID tags[J]. IEEE Internet of Things Journal, 2019, 6(2): 3840-3854.

[83]Zhao J, Deng F, Cai Y, et al. Long short-term memory-Fully connected (LSTM-FC) neural network for $PM_{2.5}$ concentration prediction[J]. Chemosphere, 2019, 220: 486-492.

[84]谢崇波, 李强. 基于 GA-GRU 环境空气污染物预测研究[J]. 测控技术, 2019, 38(7): 97-103.

[85]李祥, 彭玲, 邵静, 等. 基于小波分解和 ARMA 模型的空气污染预报研究[J]. 环境工程, 2016, 34(8): 110-113, 134.

[86]尹建光, 彭飞, 谢连科, 等. 基于小波分解与自适应多级残差修正的最小二乘支持

向量回归预测模型的 $PM_{2.5}$浓度预测[J]. 环境科学学报, 2018, 38(5): 2090-2098.

[87]刘铭, 魏莱. EMD-LSTM 算法及其在 $PM_{2.5}$中的预测 [J]. 长春工业大学学报, 2020, 41(4): 322-327, 417.

[88]Niu M F, Gan K, Sun S L, Li F Y. Application of decomposition-ensemble learning paradigm with phase space reconstruction for day-ahead $PM_{2.5}$ concentration forecasting [J]. Journal of Environmental Management, 2017, 196: 110-118.

[89]翁克瑞, 刘森, 刘钱. TPE-XGBOOST 与 LassoLars 组合下 $PM_{2.5}$浓度分解集成预测模型研究[J]. 系统工程理论与实践, 2020, 40(3): 748-760.

[90]Sun W, Li Z. Hourly $PM_{2.5}$ Concentration Forecasting Based on Mode Decomposition Recombination Technique and Ensemble Learning Approach in Severe Haze Episodes of China [J]. Journal of Cleaner Production, 2020, 263: 121442.

[91]Torres M E, Colominas M A, Schlotthauer G, et al. A complete ensemble empirical mode decomposition with adaptive noise[C]//2011 IEEE international conference on acoustics, speech and signal processing (ICASSP). IEEE, 2011: 4144-4147.

[92]Huang N E, Shen Z, Long S R, et al. The empirical mode decomposition and the Hilbert spectrum for nonlinear and non-stationary time series analysis[J]. The Royal Society of London Series A, 1998, 454(1971): 903-995.

[93]Wu Z H, Huang N E. Ensemble empirical mode decomposition: A noise-assisted data analysis method[J]. Advances in Adaptive Data Analysis, 2009, 1(1): 1-41.

[94]Chen W, Wang Z, Xie H, et al. Characterization of Surface EMG Signal Based on Fuzzy Entropy[J]. IEEE Transactions on Neural Systems and Rehabilitation Engineering, 2007, 15(2): 266-272.

[95]Pincus S M, Huang W M. Approximate entropy: statistical properties and applications [J]. Communications in Statistics-Theory and Methods, 1992, 21(11): 3061-3077.

[96]Pincus S. Approximate entropy (ApEn) as a complexity measure[J]. Chaos: An Interdisciplinary Journal of Nonlinear Science, 1995, 5(1): 110-117.

[97]Jordan M I. Serial order: A parallel distributed processing approach[J]. Advanced in Connectionaist Theory Speech, 1986, 121: 471-495.

[98]Gers F A, Schmidhuber Jürgen, Cummins F. Learning to forget: continual prediction with LSTM[J]. Neural Computation, 2000, 12(10): 2451-2471.

[99]Graves A, Schmidhuber J. Framewise phoneme classification with bidirectional LSTM and other neural network architectures[J]. Neural Networks, 2005, 18(5-6): 602-610.

[100]李军, 李大超. 基于 CEEMDAN-FE-KELM 方法的短期风电功率预测[J]. 信息与

控制, 2016, 45(2): 135-141.

[101] Yumimoto K, Uno I. Adjoint inverse modeling of CO emissions over Eastern Asia using four-dimensional variational data assimilation[J]. Atmospheric Environment, 2006, 40(35): 6836-6845.

[102] Xu X, Xie L, Cheng X, et al. Application of an adaptive nudging scheme in air quality forecasting in China[J]. Journal of Applied Meteorology and Climatology, 2008, 47(8): 2105-2114.

[103] Van Donkelaar A, Martin R V, Brauer M, et al. Global estimates of ambient fine particulate matter concentrations from satellite-based aerosol optical depth: Development and application[J]. Environ Health Persp, 2010, 118(6): 847-855.

[104] Ma Z, Hu X, Huang L, et al. Estimating ground-level $PM_{2.5}$ in China using satellite remote sensing[J]. Environmental Science & Technology, 2014, 48(13): 7436-7444.

[105] Zhao R, Gu X, Xue B, et al. Short period $PM_{2.5}$ prediction based on multivariate linear regression model[J]. PloS one, 2018, 13(7): e0201011.

[106] Engel-Cox J, Oanh N T K, Van Donkelaar A, et al. Toward the next generation of air quality monitoring: Particulate Matter[J]. Atmospheric Environment, 2013, 80: 584-590.

[107] Munchak L A, Levy R C, Mattoo S, et al. MODIS 3 km aerosol product: applications over land in an urban/suburban region[J]. Atmos. Meas. Tech., 2013; 6(7): 1747-1759.

[108] Zamani Joharestani M, Cao C, Ni X, et al. $PM_{2.5}$ prediction based on random forest, XGBoost, and deep learning using multisource remote sensing data[J]. Atmosphere, 2019, 10(7): 373.

[109] Yang W, Deng M, Xu F, et al. Prediction of hourly $PM_{2.5}$ using a space-time support vector regression model[J]. Atmospheric Environment, 2018, 181: 12-19.

[110] Yu T, Wang Y, Huang J, et al. Study on the regional prediction model of $PM_{2.5}$ concentrations based on multi-source observations[J]. Atmospheric Pollution Research, 2022, 13(4): 101363.

[111] Wang M, Zou B, Guo Y, et al. Spatial prediction of urban $PM_{2.5}$ concentration based on BP artificial neural network[J]. Environ. Pollut. Prev. , 2013, 35: 63-66.

[112] Zhang Y, Yuan H, Wu H, et al. Research on seasonal prediction of $PM_{2.5}$ based on PCA-BP neural network[C]//Journal of Physics: Conference Series. IOP Publishing, 2020, 1486(2): 022029.

[113] Huang G, Li X, Zhang B, et al. $PM_{2.5}$ concentration forecasting at surface monitoring sites using GRU neural network based on empirical mode decomposition[J]. Science of The Total Environment, 2021, 768: 144516.

[114] Chen T, He J, Lu X, et al. Spatial and temporal variations of $PM_{2.5}$ and its relation to meteorological factors in the urban area of Nanjing, China [J]. International Journal of Environmental Research and Public Health, 2016, 13(9): 921.

[115] Ban W, Shen L. $PM_{2.5}$ Prediction based on the CEEMDAN Algorithm and a machine learning hybrid model[J]. Sustainability, 2022, 14(23): 16128.

[116] Huang C J, Kuo P H. A deep CNN-LSTM model for particulate matter ($PM_{2.5}$) forecasting in smart cities[J]. Sensors, 2018, 18(7): 2220.

[117] Liu Z, Jin Y, Zuo M J, et al. Time-frequency representation based on robust local mean decomposition for multicomponent AM-FM signal analysis[J]. Mechanical Systems and Signal Processing, 2017, 95: 468-487.

[118] Zhao R, Yan R, Wang J, et al. Learning to monitor machine health with convolutional bi-directional LSTM networks[J]. Sensors, 2017, 17(2): 273.

[119] Ma J. Discovering association with copula entropy[J]. Computer Science, 2019(1).

[120] 严宙宁, 牟敬锋, 赵星, 等. 基于ARIMA模型的深圳市大气$PM_{2.5}$浓度时间序列预测分析[J]. 现代预防医学, 2018, 45(2): 220-223, 242.

[121] 余辉, 袁晶, 于旭耀, 等. 基于ARMAX的$PM_{2.5}$小时浓度跟踪预测模型[J]. 天津大学学报(自然科学与工程技术版), 2017, 50(1): 105-111.

[122] Zheng H, Shang X. Study on Prediction of Atmospheric $PM_{2.5}$ Based on RBF Neural Network[C]//Fourth International Conference on Digital Manufacturing & Automation. IEEE, 2013.

[123] 刘杰, 杨鹏, 吕文生, 等. 模糊时序与支持向量机建模相结合的$PM_{2.5}$质量浓度预测[J]. 北京科技大学学报, 2014, 36(12): 1694-1702.

[124] Biancofiore F, Busilacchio M, Verdecchia M, et al. Recursive neural network model for analysis and forecast of PM10 and $PM_{2.5}$[J]. Atmospheric Pollution Research, 2016, 8(4): 652-659.

[125] 杨超文, 汪宇玲, 舒志敏, 等. 基于TensorFlow的LSTM模型在空气质量指数预测的应用[J]. 数字技术与应用, 2021, 39(3): 203-206.

[126] 戴李杰, 张长江, 马雷鸣. 基于机器学习的$PM_{2.5}$短期浓度动态预报模型[J]. 计算机应用, 2017, 37(11): 3057-3063.

[127] Sun W, Sun J S. Daily $PM_{2.5}$ concentration prediction based on principal component

analysis and LSSVM optimized by cuckoo search algorithm [J]. Journal of Environmental Management, 2017, 188.

[128]赵文怡, 夏丽莎, 高广阔, 等. 基于加权 KNN-BP 神经网络的 $PM_{2.5}$浓度预测模型研究[J]. 环境工程技术学报, 2019, 9(1): 14-18.

[129]刘旭林, 赵文芳, 唐伟. 应用 CNN-Seq2Seq 的 $PM_{2.5}$未来一小时浓度预测模型[J]. 小型微型计算机系统, 2020, 41(5): 1000-1006.

[130]Kow P Y, Wang Y S, Zhou Y, et al. Seamless integration of convolutional and back-propagation neural networks for regional multi-step-ahead $PM_{2.5}$ forecasting[J]. Journal of Cleaner Production, 2020, 261: 121285.

[131]王舒扬, 姜金荣, 迟学斌, 等. 融合数值模式预报数据的深度学习 $PM_{2.5}$浓度预测模型[J]. 数值计算与计算机应用, 2022, 43(2): 142-153.

[132]张怡文, 袁宏武, 孙鑫, 等. 基于 Adam 注意力机制的 $PM_{2.5}$浓度预测方法[J]. 大气与环境光学学报, 2021, 16(2): 117-126.

[133]夏茂森, 江玲玲. 基于深度网络 CNN-LSTM 模型的中国消费者信心指数预测[J]. 统计与决策, 2021, 37(7): 21-26.

[134]陈泽瀛, 陶森林, 蔡朝辉. 基于 LSTM 和 LightGBM 组合模型的商户异常交易行为检测模型构建[J]. 数字技术与应用, 2020, 38(12): 113-117.

[135]陈振宇, 刘金波, 李晨, 等. 基于 LSTM 与 XGBoost 组合模型的超短期电力负荷预测[J]. 电网技术, 2020, 44(2): 614-620.

[136]滕伟, 黄乙珂, 吴仕明, 等. 基于 XGBoost 与 LSTM 的风力发电机绕组温度预测[J]. 中国电力, 2021, 54(6): 95-103.

[137]冯晨, 陈志德. 基于 XGBoost 和 LSTM 加权组合模型在销售预测的应用[J]. 计算机系统应用, 2019, 28(10): 226-232.

[138]陈纬楠, 胡志坚, 岳菁鹏, 等. 基于长短期记忆网络和 LightGBM 组合模型的短期负荷预测[J]. 电力系统自动化, 2021, 45(4): 91-97.

[139]Guolin K, Qi M, Thomas F, et al. LightGBM: A highly efficient gradient boosting decision tree[C]//31st Conference on Neural Information Processing Systems (NIPS 2017), 2017.

[140]许国艳, 周星熠, 司存友, 等. 基于 GRU 和 LightGBM 特征选择的水位时间序列预测模型[J]. 计算机应用与软件, 2020, 37(2): 25-31, 53.

[141]蒋洪迅, 田嘉, 孙彩虹. 面向 $PM_{2.5}$预测的递归随机森林与多层神经网络集成模型[J]. 系统工程, 2020, 38(5): 14-24.

[142]郑豪, 邓方, 朱佳琪, 等. 基于 lstm 网络的 $PM_{2.5}$浓度预测研究[C]//中国自动化

学会. 2020 中国自动化大会(CAC2020)论文集, 2020: 6.
[143] Avnery S, Mauzerall D L, Liu J F, et al. Global crop yield reductions due to surface ozone exposure: 1. Year 2000 crop production loses and economic damage[J]. Atmospheric Environment, 2011, 45(13): 2284-2296.
[144] 单文坡. 大气臭氧浓度变化规律及相关影响因素研究[D]. 济南: 山东大学, 2006.
[145] 符传博, 周航. 中国城市臭氧的形成机理及污染影响因素研究进展[J]. 中国环境监测, 2021, 37(2): 33-43.
[146] Fu Y, Liao H, Yang Y, et al. Interannual and decadal changes in tropospheric ozone in China and the associated chemistry-climate interactions: A review[J]. Advances in Atmospheric Sciences, 2019, 36(9) : 975-993.
[147] 康俊锋, 谭建林, 方雷, 等. XGBoost-LSTM 变权组合模型支持下短期 $PM_{2.5}$浓度预测——以上海为例[J]. 中国环境科学, 2021, 41(9): 4016-4025.
[148] Ortiz-García E G, Salcedo-Sanz S, Pérez-Bellido Á M, et al. Prediction of hourly O_3 concentrations using support vector regression algorithms[J]. Atmospheric Environment, 2010, 44(35): 4481-4488.
[149] 董红召, 王乐恒, 唐伟, 等. 融合时空特征的 PCA-PSO-SVM 臭氧(O_3)预测方法研究[J]. 中国环境科学, 2021, 41(2): 596-605.
[150] Liu R, Ma Z, Liu Y, et al. Spatiotemporal distributions of surface ozone levels in China from 2005 to 2017: A machine learning approach[J]. Environment international, 2020, 142: 105823.
[151] Pasero E, Mesin L. Artificial neural networks to forecast air pollution[J]. InTech. , 2010: 221-240.
[152] Davenport F V, Diffenbaugh N S. Using machine learning to analyze physical causes of climate change: A case study of US Midwest extreme precipitation[J]. Geophysical Research Letters, 2021, 48(15): e2021GL093787.
[153] Domańska D, Łukasik S. Handling high-dimensional data in air pollution forecasting tasks[J]. Ecological Informatics, 2016, 34: 70-91.
[154] Liu H, Chen C. Spatial air quality index prediction model based on decomposition, adaptive boosting, and three-stage feature selection: A case study in China[J]. Journal of Cleaner Production, 2020, 265: 121777.
[155] Sethi J K, Mittal M. A new feature selection method based on machine learning technique for air quality dataset[J]. Journal of Statistics and Management Systems, 2019, 22(4): 697-705.

[156]Chen T, Guestrin C. Xgboost: A scalable tree boosting system[C]//The 22nd Acm Sigkdd International Conference on Knowledge Discovery and Data Mining, 2016: 785-794.

[157]吉海彦, 任占奇, 饶震红. 基于高光谱成像技术的不同产地小米判别分析[J]. 光谱学与光谱分析, 2019, 39(7): 2271-2277.

[158]Guyon I, Weston J, Barnhill S, et al. Gene selection for cancer classification using support vector machines[J]. Machine learning, 2002, 46: 389-422.

[159]Shahriari B, Swersky K, Wang Z, et al. Taking the human out of the loop: A review of Bayesian optimization[J]. The IEEE, 2015, 104(1): 148-175.

[160]李鹏, 冯存前, 许旭光, 等. 一种利用贝叶斯优化的弹道目标微动分类网络[J]. 西安电子科技大学学报(自然科学版), 2021, 48(5): 139-148.

[161]崔佳旭, 杨博. 贝叶斯优化方法和应用综述[J]. 软件学报, 2018, 29(10): 3068-3090.

[162]Betancourt C, Stomberg T, Stadtler S, et al. AQ-Bench: A benchmark dataset for machine learning on global air quality metrics[J]. Earth System Science Data Discussions, 2021: 1-26.

[163]Schultz M G, Schröder S, Lyapina O, et al. Tropospheric Ozone Assessment Report: Database and metrics data of global surface ozone observations[J]. Elem. Sci. Anth., 2017, 5: 58.

[164]Finlayson-Pitts B J, Pitts Jr J N. Atmospheric chemistry of tropospheric ozone formation: Scientific and regulatory implications[J]. Air & Waste, 1993, 43(8): 1091-1100.